青少年
随手可做的物理实验

沙金泰 / 编著

吉林出版集团有限责任公司

图书在版编目(CIP)数据

青少年随手可做的物理实验/沙金泰编著.—长春:吉林出版集团有限责任公司,2015.12(2021.5重印)

(青少年科普丛书)

ISBN 978-7-5534-9397-8-01

Ⅰ.①青… Ⅱ.①沙… Ⅲ.①物理学－实验－青少年读物 Ⅳ.①04-33

中国版本图书馆CIP数据核字(2015)第285232号

青少年随手可做的物理实验
QINGSHAONIAN SUISHOUKEZUO DE WULI SHIYAN

作　　者/沙金泰

责任编辑/马　刚

开　　本/710mm×1000mm　1/16

印　　张/10

字　　数/150千字

版　　次/2015年12月第1版

印　　次/2021年5月第2次

出　　版/吉林出版集团股份有限公司（长春市净月区福祉大路5788号龙腾国际A座）

发　　行/吉林音像出版社有限责任公司

地　　址/长春市净月区福祉大路5788号龙腾国际A座13楼　　邮编：130117

印　　刷/三河市华晨印务有限公司

ISBN 978-7-5534-9397-8-01　　定价/39.80元

C 目录
ONTENTS

C 目录

C 目录
ONTENTS

 漂在水面的针

把一根针放到水中这根针就会沉下去，可是有些时候这根针就可能浮在水面上，你信吗？

实验前的准备

一杯水、两根针、一小块餐巾纸。

实验过程

① 把餐巾纸轻轻地平放在水面上。
② 再把针轻轻地平放在餐巾纸上。
③ 用另一根针轻轻地压一下餐巾纸，使餐巾纸慢慢地沉入水中。
④ 针静静的漂浮在水面上。

③

④

柯博士告诉你

液体都有表面张力，水是液体，也有表面张力。什么是表面张力呢？原来液体与气体相接触时，会形成一个表面层，在这个表面层内存在着的相互吸引力就是表面张力，它能使液面自动收缩。表面张力是由液体分子间很大的内聚力引起的。处于液体表面层中的分子比液体内部稀疏，所以它们受到指向液体内部的力的作用，使得液体表面层犹如张紧的橡皮膜，有收缩趋势，从而使液体尽可能地缩小它的表面面积。我们知道，球形是一定体积下具有最小的表面积的几何形体。因此，在表面张力的作用下，液滴总是力图

保持球形，这就是我们常见的树叶上的水滴接近
球形的原因。

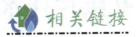
相关链接

◎ 生活中经常见到表面张力现象

在自然界中经常见到表面张力的现象，如，
露珠、雨滴就是水的表面张力现象形成的。

在生活中也可以看到小朋友吹的肥皂泡，肥
皂泡就是一种水的表面张力现象。

🌾 有孔纸片托水 🌾

如果用有小孔的纸片，盖住盛满水的水杯，水杯倒过来以后，水杯里的水并不会流出，这有可能么？你可以做个实验试一试。

🌿 实验前的准备

一个杯子、一个大头针、一张纸片、适量有色水。

🌿 实验过程

① 在杯子内盛满有色水。

② 用大头针在白纸上扎多个小孔。

③ 用有孔纸片盖住杯口。

④ 用手压着纸片，将杯倒转，使杯口朝下。将手轻轻移开，纸片纹丝

①

②

不动地盖住杯口，并且水也不会从孔中流出来。

 柯博士告诉你

　　薄纸片能托起瓶中的水，是因为大气压强作用于纸片上，产生了向上的托力。小孔不会漏出水来，是因为水有表面张力，水在纸的表面形成薄膜，使水不会漏出来。

相关链接

◎ 想一想

　　取一个小号试管，先向管中注满水，用一小块窗纱盖住瓶口，用细线沿管口将窗纱扎紧，再用手将管口按住，小心地将试管倒转过来，放开后，虽然窗纱上有许多小孔，但水却流不出来。这是为什么呢？

◎ 生活小常识

临时处理水龙头漏水

　　在生活中，有时会遇到自来水管或水龙头漏水，这时你会感到束手无

策。为了暂时制止漏水，你可以拿块抹布把漏水
处缠绕起来，由于抹布是丝织物，中间有细小的
缝隙，可能会漏一点水，当水充斥在缝隙间时，
水的表面张力就会在缝隙间发生作用，抹布中的
细小缝隙充满水珠而使水流减慢。不过因水管中
的水是有压力的，水还会不断流出来，只是水流
的速度减慢而已，你必须尽快关闭总阀，进行修
理。

漂浮实验

　　水是液态的，许多物体都可以投入水中，它们或漂浮在水上或沉入水中。在水中的物体沉浮取决于这个物体的排水量，在物体排开水的时候，水就会向物体施加一个强大向上的推力，这个推力可以托住物体，使物体漂浮起来，这就是水的浮力。

实验前的准备

　　橡皮泥、玻璃球、小石块、小铁球、水盆、水。

实验过程

　　① 把玻璃球、小石块、小铁球放进水盆中，它们会沉入水底。
　　② 从水中捞出这些沉入水中的玻璃球、小铁球、小石块。用橡皮泥做

成一个小船，放进水盆中，橡皮泥会漂在水上。

③ 在橡皮泥做成的小船上可以放入玻璃球或小石块、小铁球等物品，测试一下小船的载重量。

③

柯博士告诉你

物体放进水中会出现漂浮和下沉的现象。水中物体的漂浮和下沉，是该物体排开水的重量和该物体重量的比较所决定的。如果，排开水的重量大于该物体的重量，该物体就获得了足够的浮力，使该物体漂在水面；如果，该物体排开水的

重量小于该物体的重量，它就不会获得足够的浮力，因此，该物体就会下沉。例如，橡皮泥团排开水的重量，显然少于橡皮泥做成的小船所排开水的重量，因此，橡皮泥团就会下沉，而橡皮泥做成小船排开水的重量，大大多于橡皮泥小船的重量，因此，橡皮泥做成的小船不但不会下沉，甚至再加一些重物也不会下沉。

 相关链接

◎ 想一想

为什么同是橡皮泥，而它的形状有了变化，放在水里就会有漂浮在水面或沉入水底的不同现象呢？

◎ 冰、木材为什么会漂在水上？

冰冻的江河到春天就会开河，这时江河中会漂着没有完全融化的冰块，人们叫它冰凌。因为冰的比重小于水的浮力，所以，冰凌会漂在水面上，这就像木块放到水中会漂在水面一样，而一块金属放到水中就会沉入水底。

人类利用这个道理，从古代时起就采用了放木排的方法运送采伐的原木。

测量浮力

　　水对物体产生的浮力，是物体排水多少所决定的。浮力也可以测量，做一个实验，你就可以了解。

实验前的准备

　　一个弹簧秤、一个水盆、一把锁、小木块、小塑料玩具、橡皮泥。

实验过程

　　① 先把锁挂在弹簧秤下，记录弹簧秤的刻度。

②然后将弹簧秤挂的锁放入水中，记录此时弹簧秤的刻度。比较两次记录下的刻度，思考为什么会不同。再分别用相同方法测量其他物体。

 柯博士告诉你

物体浸在水中，会受到水对它的向上的支持力，即浮力。弹簧秤挂着物体移向水中，水的浮力会作用于被挂物体上，因此会在弹簧秤上表示出来。

相关链接

◎ 阿基米德妙法测王冠

有一次，国王命金匠给他做一顶金王冠，金匠接过称过重量的金子走了。

王冠做好了，金匠把制作好的王冠送入皇宫，国王见了很高兴，可国王试戴王冠时，突然想起了有人传言金匠爱财如命，在制作王冠中掺进了白银偷走了一些金子的事。

国王命一位大臣检验，大臣看了看金光耀眼的王冠，并称了称王冠的重量，从外表看，没有问题，重量也和当时交给金匠的金子重量相符。可国王还是放心不下，但又不能因传言治金匠的罪，于是他就下令请来当时的智者阿基米德。

阿基米德来到了皇宫，国王命他判断金匠做的王冠有没有掺进白银，如果掺了，掺进去多少。

据说，阿基米德是从洗澡中得

到启发，解答了这个难题。

这天，阿基米德准备洗澡。当他慢慢坐进澡盆的时候，水从盆边溢了出来。他望着溢出来的水发呆，忽然，高兴地叫了起来："找到了！找到了！"

原来，阿基米德已经想出了一个简便方法，可以判断王冠是不是纯金做的。他把金王冠放进一个装满水的缸中，一些水溢了出来。他取出王冠，再把水缸装满，又将一块同王冠一样重的金子放进水里，又有一些水溢了出来。他把两次溢出的水加以比较，发现第一次溢出来的多。于是他断定王冠中掺了白银。

然后，他又经过一番试验，算出了白银的重量。当他宣布这个结果的时候，金匠惊得目瞪口呆。他怎么也弄不清楚，为什么阿基米德会知道他的秘密。

当然，说阿基米德是从洗澡中得到启发，并没有多大根据。但是，他用来揭开王冠秘密的原理流传下来，就叫做阿基米德定律，也就是浮力定律。直到现在，人们还在利用这个原理测定船舶载重量。

▽▽▽ 阿基米德洗澡获得启发的情景

哪个孔喷水远些

在装满水的饮料瓶侧壁扎一个孔，饮料瓶里的水就会在这个孔中喷出来，如果在瓶壁的一侧，从下往上每隔两厘米连续扎几个孔，那么它们会一起往外喷水，哪个孔喷出的水会更远些呢？

实验前的准备

饮料瓶、锥子、胶带纸。

实验过程

① 在空饮料瓶的侧壁上，从瓶底向上每隔两厘米，用锥子扎三个孔。用胶布或胶带纸把每个孔都粘上，然后把瓶子灌满清水。

②用锥子先后把瓶壁小孔上的胶带纸扎破，观察每个小孔喷出的水流。

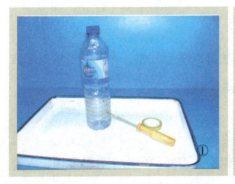

柯博士告诉你

　　瓶子里的水是有压力的，它们的压力是随着水的深度变化而变化的，随着水的深度逐步加大，水压也加大，因此瓶底水的压力也比较大，水受到的压力大，水也就喷得远。因此，瓶侧壁这三个小孔中，喷水最远的当然就是最下面的那个小孔。

相关链接

　　◎ 想一想：用易拉罐做这个实验

　　关于水的压力的实验还有许多方法可以演示。如，你可以用易拉罐演示，如果用易拉罐演示这个实验应该怎样做？

　　◎ 人为什么不能潜入更深的海底？

　　人类不但可以在海中游泳，也可以潜入海底，但由于各种原因，人潜

水的深度总会受到一定的限制，其中一个重要原因是受水的压力所限，随着水深不断加深，压力也不断加大，人体承受不了更大的压力。所以，人们在进行深水考察或作业时，要乘坐深海潜水器。

不同容器内水的压力实验

如果有两个容器，它们的大小不一样，装的水多少也不一样，那么同一深度的水的压力大小一样吗？

实验前的准备

两个不一样大小的饮料瓶，锥子、胶带纸。

实验过程

① 在两个饮料瓶同一高度处各画一记号。

② 用锥子在记号处各扎一个孔，并用胶带纸粘好，把两个饮料瓶都灌上水。

③ 用锥子扎破粘在饮料瓶上的胶带纸。观察瓶内的水流出的现象，并进行比较。

柯博士告诉你

大小瓶子内的水都向外喷出，并且喷出的远近距离都是一样的。这是因为水的压力是随水深而变化的，并不受水量多少的影响，所以在不同大小的容器内，装上不同体积的水，但在同一高度的孔喷出的水的距离却是相同的，因为它们所受到的水压是相同的。

相关链接

◎ 拦河坝建筑

修水库就要修一个拦河坝，而这个拦河坝是非常坚固的，它要考虑的主要问题是，水库的容量和水深，也就是必须按水库的水深设计大坝，

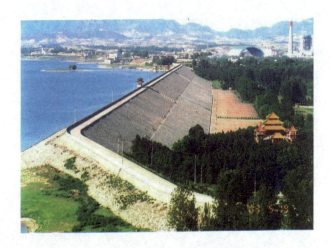

>>>

因为不同深度的水的压力是不同的。而大坝的断
面形状就是按这一原理设计的，大坝的断面形状
是底部宽而上部窄，因为大坝的下部承受的压力
大，而大坝上部承受的压力小。

水结冰的实验

冬季，是一年里气温最低的季节。北方的大地一片雪白，寒风呼啸，江河结冰。这时自然界中的水由液态变成了固态，可在江河湖泊冰面下仍有一定的水，也有一定的氧气，这里仍是水中生命活动的天地。

 实验前的准备

两个大小一样的广口容器、清水。

实验过程

把两个盆分别注入清水，一个盆内只有较浅的水；另一个盆内注入较多的水，然后把这两个盆都放到室外，每隔30分钟观察一次盆内水结冰的情况。

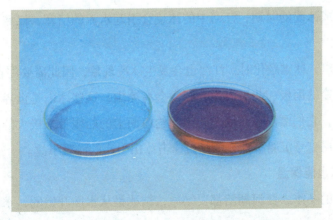

柯博士告诉你

观察发现，水较浅的盆中，水结冰的时间较快，而且，盆内的水都结成了冰；而装水多的盆内，只是结了一层冰，冰底下还有一部分水没有结冰。

两个一样大小的盆，盆内的水面接触冷空气的面积是一样的。但是，水的多少是不一样的，因此，结冰的速度也是不一样的。水少的结冰快一些，水多的结冰慢一些。

当水面结冰以后，冰层会阻挡冷空气，使冰层下面不能直接受冷空气的侵袭，这时结冰的速度就会慢下来。

据测定，如果气温在-5℃不变，形成1厘米厚的冰层需要23分钟，冰层达到2厘米厚则需要90分钟，达到5厘米厚则需要9.5小时，达到50厘米厚需要40天。冰层越厚结冰的速度也就越慢，直至冰冻结束。

相关链接

◎ 冰山和冰凌

在结冰初期，水面上会形成冰凌，气温再继续下降水面才会逐渐封冻。在形成冰凌的时期，江河中的冰凌会引起水流的堵塞，以致引起洪灾发生。

春季里，冰雪融化时，江河也会发生冰凌现象，因此需要注意安全。

在寒冷的南极、北极海洋，经常会有冰山，这些冰山是世界上最大的流动冰块，它们漂浮在海面上，因此给海面上的船舰带来极大的隐患。著名的泰坦尼克号沉船事件，就是由撞击冰山引起的海难事故。

◎ 冰也能保温

北方的冬季，江河湖沼都要结冰，结冰是从水面开始的，水面接触到

>>>

冷空气,水面的水温开始下降。

结冰初期,在水面上先形成一个冰柱,然后再横向沿着水面增长,渐渐地形成一层极薄的冰层,这时,冰层开始向下增长,以加厚冰层,当冰层封住了水面并不断加厚时,就隔断了冷空气与冰下水的接触,这时,冰层像一层厚被盖住了水,水的温度下降速度慢了下来,结冰的速度也就慢了下来,直至结冰结束,较深的江河湖沼的水也不会全部结冰,冰层下面还是有水。这里就是水中生物的过冬天地,只不过是它们的生命活动减弱而已。

◎ 警 示

当初冬季节,即使江河湖沼已经结冰,但是由于时间短,冰层是很薄

的，极易随温度升高而融化，同时也因冰层薄易碎裂而承重能力极差，所以这时不能在江河湖沼的冰上行走或玩耍。

每年的冬季几乎都会发生因冰层破裂，而使人、车坠入水中，甚至造成人员溺水伤亡的不幸事故！

即使在寒冬之日，也不能在不明情况的冰面上玩耍或行走，因为，那些冰面有时因为某种原因会被人凿出冰洞，或取冰、或钓鱼、捕鱼等等，之后不久，冰洞又会重新封冻，但是，这个冰洞上的冰层是很薄的，当你一踩上去，冰层会立即破碎，人会来不及逃脱而落入水中。

哪个罐内的水温更低一些

物体在接受太阳热能的照射时，总有一些能量被反射掉，因此，物体接受的能量是各不相同的。最直接的感受就是阳光炙热的时候撑起太阳伞，太阳伞阻挡并反射了许多热量，这才使你感到不那么热。

实验前的准备

一只浅色的废旧易拉罐、一只深色的废旧易拉罐、清水、温度计、盘子、纸板。

实验过程

①把两个易拉罐灌满水，用温度计测量一下水温，并记录。
②用纸板盖上易拉罐，并把它们都放置于盘中，拿到阴凉处放置半小

时，在此期间每隔五分钟测试一次水温并记录。倒掉罐中的水，另往罐中灌入冰水，测试水温并记录后，放到能接受太阳光的地方，再按上诉方法实验一次。

（提示：如果不这样做，你还可以在第一次试验后，直接把放有两个易拉罐的盘子放到冰箱的冷冻室冷冻半小时，拿出盘子，测试水温后，再放到有太阳光的地方进行下一步实验。）

柯博士告诉你

不同的颜色对光的吸收和反射是不一样的，浅色的物体对光的反射率高于深色的，白色的物体反光率最高，而深颜色的物体对光的吸收率则较高。因此，当同样大小的易拉罐装同样多的、同温度的水时，易拉罐的颜

色不同，就成为决定罐内的水在接受太阳光照射后的温度的决定因素。显然，外部颜色浅的易拉罐反射的光多一些，因此，那个易拉罐盛装的水得到的热量就会少一些，水温自然就低一些。

 相关链接

◎ 遮阳棚的颜色

遮阳棚、太阳伞、太阳帽等都是人们夏天防止太阳光照射、降温防暑的用品，这些用品大都是浅色的。人们的夏季着装也偏爱浅色，而冬天则喜欢穿深色的服装。

◎ 地球的大气层就是地球的遮阳伞

包围地球的大气层就像地球的一个遮阳伞，大气层既能把太阳光的部分照射反射到外层空间，不致使地球接受过度的热量，又能把穿过大气层的热能保存下来。有了大气层的保护，地球上的生命才能不被过多的太阳辐射所伤害，才能有众多的生命存在，这也是地球有生命存在的重要原因之一。

用凸透镜做聚焦实验

　　凸透镜是根据光的折射原理制成的。凸透镜是中央部分较厚的透镜。凸透镜有会聚作用故又称聚光透镜，当太阳光透过凸透镜时，会使光线聚集在一点上，也使光热集中在这点上，光热在不同颜色的纸上会发生不同结果，做一个实验看看会发生什么现象。

实验前的准备

　　一张白纸、一个凸透镜、一支墨笔。

实验过程

　　① 取一张白纸（大小不限），用墨汁将一半涂黑待干。将凸透镜放于太阳光之下，找好焦点(使太阳光在凸透镜下面会聚的亮点最圆最小)。然后固定好凸透镜的位置。

　　② 先将白纸放在凸透镜下的焦点位置上，并启动钟表计时，过很长时间纸才被烧焦。

　　③ 再将涂黑的纸移到凸透镜的焦点位置上，同样启动钟表，不久后，则见黑纸先冒烟，后起火星，黑纸被烧了个洞。

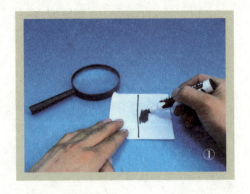

柯博士告诉你

黑色表面的物体比白色表面的物体吸热快。由于白色可以反射光热，这样就把接受的光热反射掉一部分，而黑色几乎把全部的光热接受。这样，黑色纸被光热引燃的时间就会比白色纸引燃的时间短。

相关链接

◎ 玻璃幕墙引起的火灾

1987年德国柏林发生了一场奇特的火灾，一栋大楼突然起火，消防队员很快把大火扑灭。有关人员立即调查引起火灾的原因，在调查起火原因时，调查的专家们遇到了困难，他们仔细地调查了火灾现场，但并没有发现引起火灾的原因。

最后，有人指出这是一场建筑设计不当造成的火灾。原来这栋大楼采用了当时的新型设

计方案，大楼的外部装饰有玻璃幕墙，外观十
分漂亮。但因玻璃幕墙设计不当，而成为一面
大型聚光镜，透过幕墙射进室内的光线使室温
升高，导致室内易燃物燃烧而引起了大火。这
之后，各国都对玻璃幕墙的建筑设计，制定了
一些相应的规则和标准，以防因玻璃幕墙的设
计而引起的火灾。

水压机原理演示实验

工厂里的水压机可是一个大力士，它不仅体型巨大，站在那里就像是一个钢铁的巨人，它的力量更是大得惊人，它可以锻造巨大的机械铸件。它为什么有那么大的力量呢？

实验前的准备

两个大小一样的饮料瓶、一根长约30厘米的塑料管或橡胶管、两个易拉罐、两个气球、两根细绳、能插入塑料管的漏斗、剪刀、水。

实验过程

①用剪子剪去两个塑料瓶的上半部，这就成了两个一样大小的塑料桶，在每个瓶子壁的底部用剪子剪出一个直径相当于塑料管粗细的孔洞。

②将塑料管两端分别通过孔洞穿入瓶中。

③从瓶口拽出塑料管，并将一个气球用细绳绑在这端。

④把漏斗插入塑料管的另一端，把水倒入塑料管，使水经过塑料管流入气球，直至气球充水鼓起，然后把气球推入瓶底。

⑤把另一只气球灌满水，用细绳把灌满水的气球绑在塑料管的另一端，也照样把气球推入瓶底。并拉直塑料管。

⑥将两个易拉罐分别放在两个饮料瓶中的气球上。用手压其中的一个易拉罐，另一只瓶中的易拉罐就会上升。

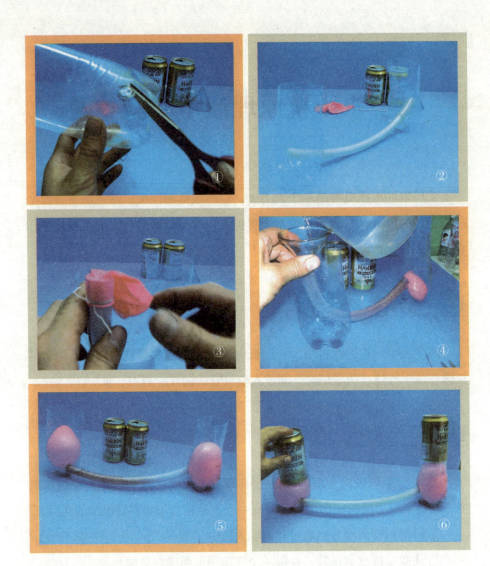

柯博士告诉你

　　当你用力压下一边的易拉罐时，就是你在这一端加了力，而这种力被传递到封闭的气球和塑料管内，气球和塑料管内的水把这种力传递到另一端气球里，所以另一端的气球就会上升。

相关链接

◎ **帕斯卡定律**

密闭液体上的压强，能够大小不变地向各个方向传递。

由于液体的流动性，封闭容器中的静止流体的某一部分发生的压强变化，将大小不变地向各个方向传递。法国数学家、物理学家、哲学家布莱士·帕斯卡首先提出此定律。压强等于作用压力除以受力面积。根据帕斯卡定律，在水力系统中的一个活塞上施加一定的压强，必将在另一个活塞上产生相同的压强增量。如果第二个活塞的面积是第一个活塞的面积的10倍，那么作用于第二个活塞上的力将增大为第一个活塞的10倍，而两个活塞上的压强仍然相等。

这一定律在生产技术中有很重要的应用，液压机就是帕斯卡原理的实例。它具有多种用途，如液压制动等。

哪个瓶的水凉得快

　　如果有一大一小两个瓶子都装满了同样温度的水，哪一个瓶子的水会凉得快些呢？你一定会想到，大的瓶子接触面大，它的热量散发的多，因此，大的瓶子凉得快些。实际并不是这样，而是小的瓶子凉得快些。

实验前的准备

　　一个大饮料瓶、一个小饮料瓶、热水、温度计。

实验过程

　　① 把热水分别倒入大饮料瓶和小饮料瓶中，然后盖上瓶盖。
　　② 放置于桌上，过半个小时后，用温度计测量水温。

柯博士告诉你

　　大饮料瓶装的水多，小饮料瓶装的水少，水多自然就能贮藏更多的热能，而水少贮藏的热能就少，大饮料瓶虽然接触空气的

面积大，可瓶子大装的水多，这样贮藏的能量也就多；而小饮料瓶虽然散热的面积小，可是它装的水少，贮藏的热能也少，因此还是大瓶里的水温降得慢，也就是凉得慢。

相关链接

◎ 不怕冷的北极熊

北极熊是北极的顶级动物，它一身长满了白绒绒的短毛，自由地生活在寒冷的北极，它是那里的霸主，是北极生物金字塔中的顶尖动物。

它有五厘米厚的皮，有着白色的绒毛，厚厚的脂肪，最重要的是它有特别大的体型，因为体型大它才会有更多储藏热能的地方，所以它不怕零下几十度的低温，可以在寒冷的北极自由自在地过着悠闲的生活。

液体的层面

　　我们常见的物质有固体、气体、液体三种状态，常见的液体也有许多种，最常见的就是水，也有油，还有许多和水搅在一起的混合液体，如糖水、盐水、酒精等。液体能够漂浮或下沉吗？把一种液体倒入另一种液体中会发生什么现象呢？做个实验吧。

实验前的准备

　　清水、糖浆、食用油、透明的玻璃杯。

实验过程

　　① 把糖浆倒入杯子约1/4位置。

　　② 接着再倒入等容积的油，油漂在糖浆上。

①

②

③现在，再加入等容积的清水，它沉在油下却漂浮在糖浆上。

柯博士告诉你

物体在不同层面上漂浮，取决于它们的密度大小。密度大就重一些，密度小就轻一些。如果把密度大小不一样的液体放进一个容器里，密度小的就会漂浮在上面，密度大的就会沉在下面。

糖比油的密度大，因此在往装了糖浆的杯子里倒入油时，油就会浮在糖浆上面，而冷水比油的密度大，就会沉入油底下，但它不会继续下沉，因为，糖浆的密度比水的密度大，所以冷水只好停留在中间层了。

相关链接

◎ 及时清除泄漏在海面上的原油

原油从油轮上泄漏，因为原油的密度比海水

小，所以原油就漂浮在海面上，污染了海水、海岸，对海洋生物造成了极大的威胁。有许多海洋生物甚至遭到灭顶之灾。因此要特别注意防止油船的泄漏事故。如果一旦油船发生原油泄露，就必须彻底清理。

◎ 层次分明的鸡尾酒

鸡尾酒是人们喜欢的一种饮品，不同的液体的密度形成了鸡尾酒的分层现象，也带来了人们愉悦的视觉享受。

液体蒸发吸热的实验

为什么在炎热的夏季，池塘边、江河边、公园的草地、树林里会十分清凉呢？为什么扑灭火灾一般都要用水呢？这些现象和液体有关系吗？做个实验研究一下吧。

 实验前的准备

温度计、电风扇、酒精。

实验过程

① 用手拿着温度计，坐在电风扇不远处，对着电风扇吹风。观察温度计显示的读数有没有变化。

② 把温度计插入装有酒精的瓶子观察温度计读数的变化，再把温度计拿出装有酒精的瓶子，观察温度计的读数变化。

柯博士告诉你

炎热的夏天，坐在电风扇前吹风就会感到凉爽，可是你观察手里拿着的温度计的读数却没有变化。这是因为风吹向你的身体时，加速了你身体上汗液的蒸发，汗液的蒸发吸收了身体的热量并散发出去，这就使你感到清凉；而吹风并没有降低室内温度，所以温度计的读数不会有变化。

把温度计插入酒精瓶里，酒精的温度和室温相差不多，所以看不出温度计的读数变化。可是，把温度计拿出酒精瓶，这时温度计上就会有酒精，酒精会很快蒸发，带走温度计上的热量，温度计的读数会有先下降再回升的微小变化。

相关链接

◎ 观察生活中常见的蒸发吸热的现象

生活中常见到液体蒸发吸热的现象，例如：把刚煮熟的鸡蛋从锅内捞起来，直接用手拿时，虽然较烫，但还可以忍受。过一会儿，当蛋壳上的水膜干后，感到比刚捞上时更烫了。

涂有酒精的手背，立即会感到凉爽；夏天在房子里洒些水会感到凉快；在街路上洒水车洒过水后也会感到凉快；在江河里游泳，上岸后立刻感到冷，当有风吹来的时候觉得更冷；夏天的时候，狗伸长舌头大口喘气，通过舌头上唾液的蒸发吸收了舌头的热量，近而为身体散热等等。

◎ 绿色植物可以降温

据气象学家的研究，乡村的气温比同地域的城市气温低一些，这里有许多原因，乡村的绿色植物多于城市是一个主要的原因，因为，绿色植物的蒸腾作用，会减低植物周围的气温，而蒸腾作用正是液体蒸发吸热的表

现。所以，人们特别重视环境的绿化，因为植物可以调节局部小气候。

◎ 酒精擦拭降温

医生为了降低发烧病人的体温，有时也采取物理的降温方法，物理降温方法不同于药物降温方法，物理降温方法是用酒精擦拭病人身体，酒精会很快的挥发掉，酒精的挥发吸取了病人身体的热量，从而使病人的体温下降。

◎ 机械的水冷系统

许多发动机和快速运转的机械都装有冷却系统，以降低摩擦生成的热量，保证机械的正常运转，这些降温系统一般都是利用液体蒸发吸热的

原理设计的。例如汽车上的散热器，就是为汽车
发动机降温而设计的；机械车床上的水冷和油冷
系统都是为降低钻头、刀具或零部件的温度而设
置的。

自动沉浮的瓶盖

空气可以压缩，压缩的空气体积会变小，气压增大，因此压缩后的空气就有弹性。做个实验可以体会空气压缩后的气压变化现象。

实验前的准备

饮料瓶盖、大饮料瓶、杯子、清水、剪刀。

实验过程

①用剪刀在大饮料瓶底向上约十五厘米处，剪去上半部分使其成为桶状。并加入约3/4的清水。把饮料瓶盖放入装水的饮料瓶中。然后，使玻璃杯口朝下轻轻地将瓶盖罩住。

②往下压杯子，使杯子一直垂直向下，直至接触到饮料瓶底。

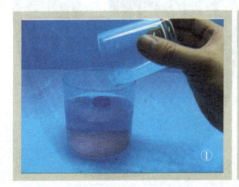
①

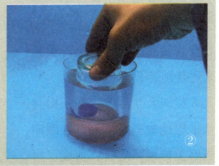
②

 柯博士告诉你

由于杯子接触到水面时，杯子里成为了一个密闭的系统，杯子中的空气被水压缩，空气的体积缩小，压强增大，当杯子中的空气压强大于大气压时，杯子里的水就会被压出去，使玻璃杯内的水面下降；当玻璃杯被提起时，杯中的空气体积将增大，而空气的压强随空气的体积增大而减小，由于杯外的大气压大于杯内的空气压强，使玻璃杯内的水面上升，瓶盖也会随着水面上升而上升。

相关链接

◎ 充气轮胎的发明

古代的车辆，无论是二轮、三轮，甚至四轮车；无论是人乘坐的车辆或是运送货物的车辆，都用的是木制的轮子，这种车辆行走起来不仅嘎吱嘎吱地响，还会上下颠簸不停。后来人们又用金属做轮子，但是金属轮子也好不了多少，直到19世纪后又出现了实心橡胶轮胎，但是车子行驶起来还是颠簸不已。

英国人邓洛普的儿子向父亲抱怨他的三轮脚踏车在圆卵石路上持续弹跳时，造成了损

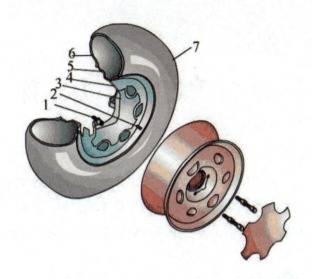

坏。邓洛普经过不断实验，终于制成了一种可打
进空气而使之膨胀起来的轮胎，这就是充气轮
胎。使充气轮胎更加实用的一项发明是凹面和盘
形轮缘的设计，它有助于轮胎固定在车轮上。
1890年英国工程师韦尔奇完成了这项发明，并获
得了这项发明的专利。

浮 力 秤

　　电子秤是现在最流行的也是最常见的重量测量工具，在历史的发展过程中，曾出现过各式各样的称量工具，如，杆秤、戥子等。在著名的曹冲称象的故事中，曹冲使用的是什么秤呢？做个模仿实验吧。

实验前的准备

　　两个饮料瓶、剪刀、清水、砝码、笔、纸、小石块。

实验过程

　　①用剪刀把两个饮料瓶分别剪下上半部分，做成两个小桶，其中小的小桶正好能装进大的桶中。把大桶装进清水，然后把小桶装进大桶中。
　　②在大桶桶壁外部贴上一张纸条。
　　把不同的砝码先后放入小桶中，并观察小桶下降时的水平线，照着水

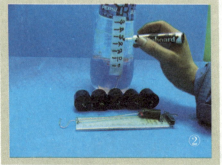

平线在桶壁外部的纸条上画出记号，这就是浮力秤的重量标示。

③用这个浮力秤称一称小石块的重量。

柯博士告诉你

这是利用浮力称量重量的方法制作的秤。根据阿基米德原理，浸在液体里的物体受到向上的浮力，浮力大小等于物体排开液体所受的重力。

用砝码确定不同重量排开的水的体积的重量，然后画出标示，用这个标示来表示不同重量的物体排开的水的体积，因而就能称量物体的重量。

相关链接

◎ 曹冲称象

曹冲的父亲是三国时的曹操。有一次，外国人送给他一只大象，他很想知道这只大象有多重，就叫他手下的官员想办法把大象称一称。

古时候没有电子地中衡之类的大秤，而大象是陆地上最大的动物，称这么大的一个动物可是一件难事，怎么称呢？又用什么来称呢？别说没有那么大的秤，就是有了大秤，谁又有那么大的力气把大象抬起来称呢？官员们都围着大象发愁，谁也想不出称象的办法。

正在这个时候，跑出来一个小孩，站到大人面前说："我有办法，我有办法！"官员们一看，原来是曹冲，嘴里不说，心里在想：大人都想不出办法来，一个五六岁的小孩子，会有什么办法！

你可千万别小瞧小孩子，这小小的曹冲就是有办法。他想的办法就连大人一时也想不出来。

他叫人牵来大象，跟着他到河边去。他的父亲曹操，还有那些官员们都想看看他到底怎么个称法，一起跟着来到河边。河边正好有只空着的大船，曹冲说："把大象牵到船上去。"

　　大象上了船，船就往下沉了一些。曹冲说："在水面的船帮处划一道记号。"记号刻好以后，曹冲又叫人把大象牵上岸来。这时候船空了，船就往上浮起来一些。

　　大家看着，一会儿把大象牵上船，一会儿又把大象牵下船，心里说："这孩子在玩什么把戏呀？"

　　接下来曹冲叫人挑了石块，装到大船上去，挑了一担又一担，大船又慢慢地往下沉了。

　　"行了，行了！"曹冲看见船帮上的记号又和水面对齐了，就叫人把石块又一担一担地挑下船来。这时候，大家明白了，石头装上船和大象装上船，那船下沉到同一记号上，可见，石头和大象是同样的重量；再把这些石块称一称，把所有石块的重量加起来，得到的总和不就是大象的重量了吗？

　　大家都说，这办法看起来简单，可是要不是曹冲做给大家看，大人还真想不出来。

虹吸现象演示实验

　　虹吸现象是液态分子间引力与位能差所造成的，即利用水柱压力差，使水上升后再流到低处。由于管口水面承受不同的大气压力，水会由压力大的一边流向压力小的一边，直到两边的大气压力相等，容器内的水面变成相同的高度，水就会停止流动。利用虹吸现象很快就可将容器内的液体抽出。

 ## 实验前的准备

　　一根塑料管、一个水盆、一个水桶。

 ## 实验过程

　　① 把水盆放在比水桶低的地方。

②把塑料管放入水桶中，把塑料管灌满水，再用两只手分别堵住管子的两端。

③把塑料管的两端分别放入水桶和水盆里，松开双手，水就会自动地从水桶流向水盆里，一直到水桶里的水全部流入水盆里为止。

柯博士告诉你

这个实验就是利用虹吸原理来完成的。由于大气压力的作用，水从水桶里被压出来流向盆里。在生活中我们经常会用到虹吸原理来处理一些难题。

相关链接

◎ 虹吸原理日常应用

在生活中这个原理经常被人们利用，例如，在给鱼缸换水时，不必搬动鱼缸把水倒掉，而只要用一根橡胶管或塑料管按照实验的方法就可以把鱼缸里的水引出鱼缸。

司机师傅为了取出油箱里的汽油，他们也会用这种方法，这种方法既简单又省事，并且不会把汽油弄洒。

瓶子吹气球

你听说过用瓶子为气球充气吗？是的，瓶子还真能为气球充气。做一个实验为气球充气，你不但会感到十分有趣，而且也会学到一些关于空气的知识。

实验前的准备

铝锅、气球、长颈玻璃瓶。

实验过程

① 把瓶子灌进一些水。把气球口套在瓶嘴上。在铝锅里加入冷水，把套好气球的瓶子放在铝锅里，然后把铝锅加热。

②当铝锅里的水逐步升温时，你可以看到瓶子上的气球慢慢地鼓了起来。

③如果停止给铝锅加热，静等片刻，铝锅里的水也渐渐冷却，这时鼓起来的气球又会慢慢地恢复到原来的状态了。

柯博士告诉你

这个实验演示了空气热胀冷缩的现象。瓶子套上了气球，那么气球和瓶子就连通成了一体，瓶子和气球中有了密闭的环境，这里的空气由于密闭，不会溢出这个环境。

当铝锅中的水被加热后，同时也加热了瓶子中的空气，瓶中的空气受热而膨胀，膨胀的空气只好通过瓶嘴流向气球，这些膨胀的空气把气球吹了起来。

当停止给铝锅加热时，锅内的水逐渐冷却，瓶中的空气也就随之冷却，这样气球就又恢复到原来的状态了。

相关链接

◎ 瘪了的乒乓球恢复妙法

当乒乓球被压瘪或踩瘪时（只要乒乓球没有损坏，瘪的不那么严重），就可以把乒乓球放在容器里，然后用热水浇一下，乒乓球就会恢复原状。

◎ 用空饮料瓶做空气热胀冷缩实验

给你一个空饮料瓶，你可以演示空气热胀冷缩的现象吗？

例如，把饮料瓶盖拧紧，然后把饮料瓶放进冰箱的冷冻室，过半个小时拿出瓶子，瓶子会发生什么变化？

◎ 警　示

在炎热的夏天里，当你为自行车充气时，千万别把气充的太足，否则，说不定会在什么时候，内胎里面的空气就会热的膨胀起来，那你自行车的内胎就会经不住压力而爆胎。

另外，不要把自行车放在太阳下暴晒，那样也会爆胎。

瓶子吃鸡蛋

通过空气的帮忙，可以让稍大于瓶口的鸡蛋滑落到瓶中。这是怎样做到的呢？让我们来做个实验吧。

实验前的准备

鸡蛋、瓶口和鸡蛋大小相当的玻璃瓶子、纸片。

实验过程

① 把鸡蛋用水煮熟，然后轻轻剥去蛋壳。

② 把纸片点着后放入瓶中。然后，立刻把鸡蛋放到瓶口上。

①

②

③

③不一会儿，鸡蛋就会滑入瓶子里。

🏠 柯博士告诉你

瓶口和鸡蛋大小差不多，鸡蛋稍大于瓶口，所以，把鸡蛋放到瓶口上，鸡蛋不会掉入瓶子里。当你把纸片点燃放到瓶子里时，瓶子里的空气会受热膨胀，把一些空气从瓶内挤出瓶外，这时你把鸡蛋放到瓶口处，鸡蛋堵住了瓶口，瓶子里的空气不会流动。过一会，瓶内的空气逐渐冷下来，空气受冷会收缩，瓶内的气压就会降低，瓶外的大气压力就把鸡蛋推进了瓶子里。

🏠 相关链接

◎ 拔火罐

拔火罐是一种独特的疾病治疗方法，在我国民间流传久远，现在已成为中医的重要物理疗

法。拔火罐是利用热力排出罐内空气，形成负压，使罐紧吸在施治部位，人为造成毛细血管破裂淤血，调动人体干细胞修复功能，及坏死血细胞吸收功能，能促进血液循环，激发精气，调理气血，达到提高和调节人体免疫力的作用。由于这种方法简便易行、治疗效果明显，所以深受患者的欢迎。

拔火罐在古代用的是竹筒，后来又改用了陶瓷罐、玻璃罐，现代的拔火罐大多已不用火，而用真空罐来代替了容易烧伤皮肤的拔火罐。

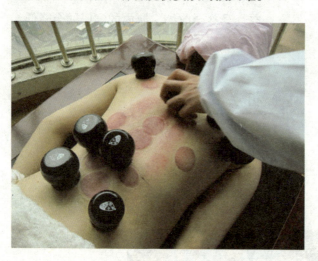

模拟气垫船实验

被压缩的空气会产生一股力量。这一原理得到了人们的广泛应用。比如说，在现代的交通工具上就有很多体现。汽车的轮胎里几乎都充有压缩空气；有的飞机甚至用压缩空气作发动机燃料的助燃剂；气垫船也利用压缩空气托起了自身，使它更像一艘飞船。

实验前的准备

一块废旧包装用薄泡沫塑料片或纸板、软木塞、气球、胶带、剪刀、笔。

实验过程

① 把泡沫塑料片放在桌上，按照船的形状画出一个剪裁的线，然后用刻刀或剪刀按线剪下，这就是一个小船的船体。

注意！小心划伤了手。

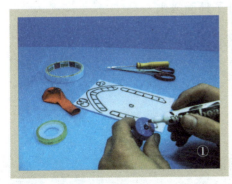
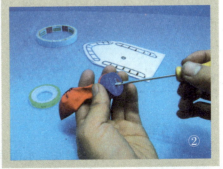

② 把软木塞中间钻一个直径约一厘米的洞。

③ 在船体上找出它的中心位置，并按软木塞的大小挖一个洞把软木塞粘在那个洞里，并使粘接处密闭不透气。

④ 把小船放到平整的桌面上，吹起气球，用手捏住气球口，把气球口套在软木塞上，当松开捏住气球口的手时，这个小气垫船就会离开桌面。

柯博士告诉你

这是一个模拟气垫船的小实验，它模拟了气垫船是利用压缩空气形成了一个气垫，托起了气垫船的船体，使气垫船腾空升起离开了地面或水面的原理。

相关链接

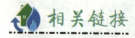
◎ 气垫船

气垫船是一种利用船底与水面间的高压气垫

作用，使船体部分或全部提升以实现快速航行的船舶。1959年英国建造了第一艘气垫船，航行于英吉利海峡。气垫船多为客船，也用作渡船或交通船。气垫船航行速度可达每小时80海里。

按气垫船提升高度可分为全垫升式和部分垫升式。全垫升气垫船又称全浮式气垫船。其在船底四周有柔性围裙，由于是全垫升，故其速度高且适应性好，除能在水面航行外，也可在平坦地面和沼泽中行驶。其推进是使用空气螺旋桨，用空气舵控制方向。

部分垫升式气垫船，即侧壁气垫船。是在船体两舷设刚性侧壁，而在首尾设柔性气封装置以维持气垫，可垫升大部分船体，只能航行于水面，其推进是使用水下螺旋桨式喷水装置。

世界上现有的最大气垫客船，要数英国制造的SRN4-III型气垫船。它采用的是全浮式，特征是用空气螺旋桨推进(如同飞机的螺旋桨一样)，航速平均每小时100公里，可载客416人，汽车55辆。速度最快的是美国的侧壁式气垫船，每小时达167公里。

越吹越近的两个气球

如果你在两只挂起的气球中间吹气，会发生什么现象呢？你也许认为它们会分开，但这个实验却使你很失望，这两个气球不会被吹得分开，而恰恰相反，这两个气球会越吹越近。不信你也来试试。

 实验前的准备

两个一样大小的气球、棉线、铁架台或竹竿。

实验过程

① 将两只气球吹到一样大小，并系好它们，然后将气球拴在竹竿上，使两个气球一样并排挂在竹竿上，且中间留一点空隙。

② 用吸管在气球中间吹气，观察气球的动态，它们会被你吹得分开吗？

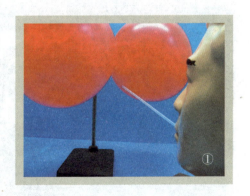
①

 柯博士告诉你

当你向两个气球中间吹气时，气球不会被你吹得分开，相反两个气球

会越吹越近。这是因为气球之间的空气被你吹走，因此，气球之间的气压就会降低，而两个气球外侧较高压力的静止空气，会把两个气球推到一起。

相关链接

◎ 海洋法院的误判

1912年秋天，远洋巨轮"奥林匹克"号——当时世界上最大的轮船之一，在大海上航行着，同时在距离100米远的地方，有一艘比它小得多的铁甲巡洋舰"豪克"号差不多跟它平行地疾驰着。当两艘船将要接近时，突然发生了一件意想

不到的事情：小船好像是服从着一种不可抗拒的力量，竟扭转船头几乎笔直地向大船冲来，尽管船员们努力救险，但还是发生了撞船事故。"豪克"号的船头撞在"奥林匹克"号的船舷上；这次撞击特别剧烈，以致"豪克"号把"奥林匹克"号的船舷撞出一个大洞来。

在海事法庭审理这件怪案的时候，大船"奥林匹克"号的船长被判有过失。

后来，科学家们研究了这次撞船事故，他们发现了这次撞船事故的真正原因，完全是预想不到的情况。船在大海里发生了彼此吸引的事故，是因为水流形成的压力而引起的，不过那时还没有引起海运人员的注意。

假如液体沿着一条有宽有窄的沟向前流动，那么在沟的狭窄部分它就会流得快些，并且压向沟壁的力量也比宽的部分小些；而在宽的部分它就会流得慢些，并且压向沟壁的力量也较大一些。

两艘船在静水里并排航行着，或者是并排地停在流动着的水里。两艘船之间的水面比较窄，因此这里的水的流速就比两船外侧的水的流速大，压力小于两船外侧。这样两艘船就会被围着船的压力比较高的水挤在一起。这和我们做的实验中两个气球越吹越近是一个道理，只是两个气球在空气中，而两艘船在水中，但水和空气都是流体，因此都会发生这种现象。

称一称空气

空气占据空间，我们通常都用容积来计量气体。比如，我们使用的管道煤气，就用容积来计量，因为管道煤气不易用重量计量。但我们使用的液化气罐就不一样了，通常都是用重量来计量的。

实验前的准备

筷子、两个气球、胶带纸、棉线。

实验过程

① 在筷子上找出它的中点，用棉线栓在中点上，并提起棉线使筷子平衡。把气球用胶带纸分别粘在筷子的两端，提起棉线看看筷子是否平衡，如果平衡就说明两端的重量一样，如果不平衡，可以移动棉线调整两端的

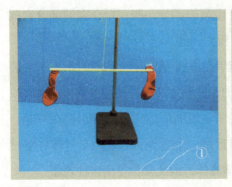

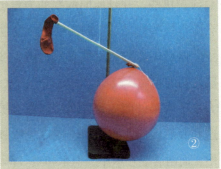

重量，使其平衡。然后把提线挂起来。

②选任意一只气球，向气球内吹气，然后把气球的开口扎紧，再用胶带纸粘到筷子的原处。观察看看筷子是否平衡，是否吹进气的气球那一端略向下倾斜。这时你会发现，充气气球的一侧向下倾斜，说明充气的气球比不充气的气球重一些。

提示：每只气球离中心点的距离都必须一致，且所用的胶带纸都一样长短，保持胶带纸的重量也一样。

柯博士告诉你

空气和其他物质一样都是有质量的，所以它也有重量，也可以称出它的重量。

两只一样重量的气球粘在筷子两端，这样提起棉线时，当然筷子就能平衡，因为两端的重量一样。可是如果在任意一端加上点重量，就会打破这种平衡。刚才把空气充进了一只气球，所以，这边多了空气的重量，就比另一边重了一些。

相关链接

◎ 空气的成分

空气是混合物，它的成分是很复杂的。空气的恒定成分是氮气、氧气以及氦、氖、氩、氪、氩等稀有气体，这些成分之所以不会有太大变化，主要是自然界各种变化相互补偿的结果。空气的可变成分是二氧化碳和水蒸气。空气的不定成分完全因地域而异。例如，在工厂附近的空气里就会因生产项目的不同，而分别含有氨气、氯气等。另外，空气里还含有极微量的氢、臭氧、氮的氧化物、甲烷等气体。灰尘是空气里或多或少的悬浮杂质。总的来说，空气的成分是比较固定的。

风的形成

　　地球上任何地方都在吸收太阳的热量，但是由于地面不同部位受热的不均匀性，空气的冷暖程度也不一样，于是，暖空气膨胀变轻后上升；冷空气冷却变重后下降，这样冷暖空气便产生流动，形成了风。

实验前的准备

　　白纸、细木棍、大头针、蜡烛、剪刀。

实验过程

　　① 做一个纸风车。一张正方形的纸按对角线折叠，然后按折成的线路剪开。

　　② 用一根木棒插进纸的中心，四周剪开的纸依次串叠到木棒，固定后风车就做好了。

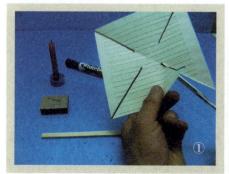

③ 把蜡烛点燃，手持纸风车，放到蜡烛的上方，这时就会看到小小的纸风车开始慢慢旋转起来。

注意！在使用蜡烛时要注意安全，可以请你的父母或家人来当你的助手。

 柯博士告诉你

热空气比冷空气轻。因为空气受热后会膨胀而变稀薄，这时热空气就轻了，变轻的热空气会上升，而旁边的冷空气就会流动过来补充，这些冷空气流动到蜡烛附近又会被火焰烤热，它们又会上升，这样附近的空气往复循环，就形成了风。这个实验说明的就是向上的热空气流动，形成的风吹动风车转动。

相关链接

◎ 可怕的龙卷风

龙卷风是一种伴随着高速旋转的漏斗状云柱的强风涡旋。龙卷风中心附近风速可达每小时100—200公里，甚至可达300公里，比台风近中心最大风速大很多倍。中心气压很低，一般它具有很大的吸吮作用，可把海

（湖）水吸离海（湖）面，形成水柱，然后同云相接，俗称"龙吸水"。由于龙卷风内部空气极为稀薄，导致温度急剧降低，促使水汽迅速凝结，这是形成漏斗云柱的重要原因。龙卷风产生于强烈不稳定的积雨云中，它的形成与暖湿空气强烈上升、冷空气南下、地形作用等有关。它的生命短暂，一般维持十几分钟到一两个小时，但其破坏力惊人，能把大树连根拔起，把建筑物吹倒，或把部分地面物卷至空中。

空气的冷热变化实验

空气有温度，人们叫它为气温。空气的冷热变化，会给空气的密度、体积带来变化，因为空气是无色、无味透明的物质，所以，这个变化我们不易直接看到，不过我们可以做个实验，就能看到这种变化了。

 实验前的准备

水杯两个、温开水一杯、矿泉水瓶一个。

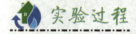 实验过程

① 将温开水倒入矿泉水瓶，用手摸摸瓶子，是否感觉到热。

② 把瓶子中的温开水再倒出来，并迅速盖紧瓶盖。

③ 观察瓶子慢慢的瘪了。

柯博士告诉你

把温热的水倒入瓶子里时，水加热了瓶子里的空气，空气受热膨胀，并使一部分热空气溢出了瓶外。马上盖上瓶盖后，就使瓶子变成了一个密闭的环境，瓶内外的空气不能对流，待瓶内的空气渐渐冷下来时，空气的体积又会缩小，这就会使瓶内的压力降低，瓶外的气压高于瓶内的气压，所以把瓶子压瘪了。

这种现象我们在冬季经常可以看到，拿着拧紧盖子的塑料油桶去商店，你在路上就会听到油桶乒的一声响，塑料油桶瘪了，你进入温暖的商店里，不一会儿油桶又会鼓起来了。

相关链接

◎ **盛装气体容器的保护**

气体的包装一般都用钢制的容器，比如，氧气瓶、煤气罐、天然气运输船、天然气运输车等，这些气体都经过液化装进了钢制的容器里。为了安全，氧气瓶不能暴晒；煤气罐要远离火源；天然气运输船要有冷却降温系统。

◎ **烟囱效应**

烟囱效应是指空间内空气受热后，沿着有垂直坡度的空

间向上升，造成空气加强对流的现象。有时烟囱效应也可能是逆向的。

最常见的烟囱效应是火炉、锅炉中的燃料燃烧时产生的热空气在烟囱的空间内向上升，在烟囱的顶部离开。因为烟囱中的热空气散溢，而炉里的空间就由外部的气流进入补充，往复循环，这就使火炉中的氧气不断得到补充，而二氧化碳不断排出，炉内的燃烧条件不断得到改善，炉火燃烧的更旺。

　　烟囱效应的强度与烟囱的高度，户内及户外温度差距，和户内外空气流通的程度有关。

　　建筑师在高层建筑设计中，利用热压差实现自然通风就是利用的"烟囱效应"，在建筑上部设排风口可将污浊的热空气从室内排出，而室外新鲜的冷空气则从建筑底部被吸入。

　　但是，烟囱效应在高层建筑中往往也带来防火的难题，在高楼大厦的环境内，烟囱效应是使火灾猛烈加剧的原因。

　　在低层发生的火灾造成的热空气，因为密度较低，经排风道、送风道、排烟道、电梯井及管道井等竖向井道往上流动，使高热气体不断在通道的顶部积聚，结果将使火势透过这种空气的对流向上部蔓延。不单使扑救变得更困难，更会危害逃生人员的生命安全。所以高层建筑的防火设计都有特殊的要求，以减轻意外火灾中的烟囱效应作用。

模拟火山爆发

火山爆发非常壮观，但亲身经历不但很难，而且非常危险，我们可以做个模拟火山爆发的实验。

实验前的准备

一个细颈瓶、醋、小苏打、纸、剪刀、红色颜料。

实验过程

① 往细颈瓶里倒入醋和红色颜料。

② 把细颈瓶放入盆里。

③ 把小苏打倒在一张纸上，并卷成较细的纸筒。

④ 用纸覆盖细颈瓶，做成一个火山。

⑤ 拿着装有小苏打的纸筒，迅速将筒内的小苏打倒入细颈瓶内。

⑥ 静静地观察，火山爆发了。

酸碱发生了化学反应，从瓶口溢出，因为瓶口很小，所以压力很大，"熔岩"喷出瓶子，形成壮观的、酷似火山爆发的景象。

相关链接

◎火 山

地壳之下 100—150 千米处，有一个"液态区"，区内存在着高温、高

压下含挥发气体的熔融状硅酸盐物质。它一旦从
地壳薄弱的地段冲出地表，就形成了火山。

在地球上已知的"死火山"约有2 000座；已
发现的"活火山"共有523座,其中陆地上有455
座，海底火山有68座。火山在地球上分布是不均
匀的，它们都出现在地壳中的断裂带。

火山出现的历史很悠久。有些火山在人类有
史以前就喷发过，但现在已不再活动，这样的火
山称之为"死火山"；不过也有的"死火山"随着
地壳的变动会突然喷发，人们称之为"休眠火
山"；人类有史以来，时有喷发的火山，称为"活
火山"。

火山活动能喷出多种物质，有岩块、碎屑和火山灰等固态物质；有熔岩流、水、各种水溶液以及碎屑物和火山灰混合的泥流等液体物质；有水蒸气和碳、氢、氮、氟、硫等的气态物质。

除此之外，还常喷射出可见或不可见的光、电、磁、声和放射性物质等。

这些物质有时能致人于死地，或使电仪表等失灵，使飞机、轮船等失事。

火山喷发的强弱与熔岩性质有关，喷发时间也有长有短，短的几小时，长的可达上千年。

火山喷发可在短期内给人类和生命财产造成巨大的损失，它是一种灾难性的自然现象。然而火山喷发后，它能提供丰富的土地、热能和许多种矿产资源，还能提供旅游资源。

当火山爆发时，伴随着惊天动地的巨大轰鸣，石块飞腾翻滚，炽热无比的岩浆像条条凶残无比的火龙，从地下喷涌而出，吞噬着周围的一切，霎时间，方圆几十里都被笼罩在一片浓烟迷雾之中。有时候，由于火山爆发，还能使平地顷刻间矗立起一座高高的大山，如赤道附近的乞力马扎罗山和科托帕克希山就是这样形成的。

关于大气压力的实验

在喝饮料时，你一定以为饮料是你自己吸进嘴里的。其实这种想法是不正确的。饮料是在大气压的帮助下，被大气压力压进你的嘴里，你不过是用嘴制造了一个形成大气压的条件而已。做一个实验体会一下吧。

实验前的准备

吸管两支、杯子一个、清水。

实验过程

① 向杯子注入半杯的水，然后把两支吸管都插进嘴里，一支吸管的另一端插进水杯里，另一支吸管的那一端在杯外。这时你可以开始吸气，但不管你如何用力，就是不能把杯里的水吸进嘴里。

①

②

②将杯外的那支吸管去掉，就可以顺利地喝到杯中的水了。

 柯博士告诉你

如果不做实验，你一定不会想到这种情况。这也太奇怪了，为什么嘴里含着两支吸管却不如一支好用呢？用一支吸管很快就能把饮料吸进嘴里，可多用了一支吸管却吸不进饮料。

看来又是一件不可思议的事，可这确实是有科学道理的。

当你用一支吸管吸水时，你的口腔就会形成一个"气泵"，口腔里的压强就会降低，而水杯中水面上的气压比口腔里的气压高，高气压把水压向吸管直至你的嘴里。

可当你用两支吸管时，一支插在水里，另一支却悬在空气中，这样你的口腔就不是一个密闭的系统了，口腔里的气压和外部的气压是一样的，因此无论你怎么使劲也不会把水吸进嘴里。

相关链接

◎ 离心式水泵的工作原理

水泵在启动前，先往泵壳内灌满水，排出泵壳内的空气，使泵内中心部分压强小于外界大气压强，当启动后，叶轮在电动机的带动下高速旋转，泵壳里的水也随叶轮高速旋转，同时被甩入出水管中，这时叶轮附近的压强减小，大气压使低处的水推开底阀，沿进水管进入泵壳，进来的水又被叶轮甩入出水管，这样一直循环下去，就不断把水抽到了高处。

◎ 吸尘器的原理

吸尘器是我们常用的家用电器，在吸尘器内部有一个负压区，外部的大气压把空气压进了吸尘器，在外部空气进入吸尘器时，把周围的尘土一并带入了吸尘器里。

◎ 掰不开的两块玻璃

如果有两块大小一样的玻璃，把它们叠放在一起，你就不能把它分开，这是因为两块玻璃叠放在一起时，因为玻璃非常平，两块玻璃中间几乎没有空气，而两块玻璃的外面是有大气压的，这样，大气压力就把两块玻璃压的紧紧地贴在一起，所以不容易分开，要是把玻璃弄湿贴在一起就更不易分开了。

制造一个彩虹

雨后的天空，常会出现色彩绚丽的彩虹，这是人们很感兴趣的自然景象。我们能不能也制造一条美丽的彩虹呢？通过制造彩虹，让我们更了解彩虹这一自然景观。

实验前的准备

清水一盆、平面镜一个。

实验过程

让我们选择一个天气晴朗的日子，当太阳光正好斜射时，拿一块长方形镜子，把镜子斜插入水盆中，与水平面成150°角，镜面对着阳光，阳光透过水面正好照到镜面上，再由镜面把阳光透过水面反射映照在室内白色的墙壁上。这时在水盆对面的墙上会出现一条红、橙、黄、绿、青、蓝、紫的光带，跟天空的彩虹一样美丽。

柯博士告诉你

将镜子插入水中时，太阳光要照射到镜面就必须通过盆中的水，然后才能到达镜面，镜面把太阳光反射到墙面，这反射光还要通过盆中的水。阳光通过水时，在水中发生了折射，水就像一个三棱镜一样，把通过它的光经过了几次折射，最后把阳光分成了七色光反射到墙上。

◎ 虹和霓

降雨前后，当太阳高度比较低时，我们背对太阳，在雨幕背景的天空中，有时可以看到一条彩色的圆弧形光带，其视半径为42°，色彩排列为内紫外红，这种彩弧称为虹，有时在虹的外侧，还会出现一个与虹弧同心，视半径为52°，色彩较淡，排列顺序为内红外紫的圆弧形光带，这就是霓。

为什么我们看到的虹总是圆弧形的呢？这是因为太阳光是一束平行光，当光线射到雨幕上

时，雨幕上每一个水滴都会改变入射阳光的方向，然而作为某一个观测者，他只能看到符合最小偏向角条件而射到眼中的光线。所以我们看到的虹总是圆弧形的。

虹的出现与天气变化密切相关，我国大部分地区处于中纬度，系统性降水天气大多由西向东移动。虹的方位与太阳方位相反，如果早上在西方天空出现虹，表明西方雨区正在东移，天气将变坏，如果在傍晚看到东方出现虹，表明西方已经转晴，雨区已移过当地，天气将变好。因此，我国广泛流传着"东虹日头西虹雨"的谚语。

◎ 用喷雾器制造彩虹实验

背着阳光，用喷雾器向天空喷水，这时你会看到你的上方会出现一道美丽的彩虹。如果实验不成功，可能是你喷射水的方向，或高度有偏差，自己多试验几次进行调整，就会成功的。

喷雾器喷出的水滴和下雨的情形很相近，这个道理就是小水滴在阳光下发生多次的折射，形成了彩虹。

海市蜃楼模拟实验

在平静无风的海面、湖面上或沙漠上空，有时眼前会突然耸立起亭台楼阁、城郭古堡，或者其他物体的幻影。虚无缥缈，变幻莫测，宛如仙境，这就是海市蜃楼，简称蜃景。海市蜃楼是一种光学、气象等因素形成的自然现象，我们来做一个模拟实验。

实验前的准备

铁盆、细沙、纸板、彩色橡皮泥、热源。

实验过程

① 把沙子放入到铁盆中，关上窗户，使室内空气处于稳定状态。

② 用纸板、橡皮泥等材料制作一个小房子，几棵树的小园景，然后再

把小园景放入到沙子上面。

　③把铁盆放到炉灶上加热，细沙加热后，你就会看到盆内壁有房子和树木的倒影。

柯博士告诉你

　　这是对沙漠上的海市蜃楼现象的模拟实验，这个实验和沙漠上海市蜃楼形成的原因是一样的。沙漠在白天里接受强烈的阳光照射，地面热度上升很快，并烤热了接近地面的空气，而离地面较高的空气热的较慢，这样，当上下空气温差较大、相差悬殊时就会产生倒立的影像。

相关链接

◎ 海市蜃楼

　　海市蜃楼是一种自然现象，不仅能在海上时而显现，偶尔在沙漠中也会产生，柏油马路上也会看到。

　　自古以来，海市蜃楼就为世人所关注。在西方神话中，海市蜃楼被描绘成魔鬼的化身，是死亡和不幸的凶兆。我国古代则把海市蜃楼看成是仙境，秦始皇、汉武帝曾率人前往蓬莱寻访仙境，还屡次派人去蓬莱寻求灵丹妙药。现代科学已经对大多数海市蜃楼作出了正确解释，认为海市蜃楼是地球上物体反射的光经大气折射而形成的虚像，所谓海市蜃楼就是光学幻景。

　　海市蜃楼与地理位置、地球物理条件以及那些地方在特定时间的气象特点有密切联系。气温的反常分布是大多数海市蜃楼形成的气象条件。

　　夏季沙漠中烈日当头，沙土被晒得灼热，因沙土的比热小，温度上升极快，沙土附近的下层空气温度上升得很高，而上层空气的温度仍然很低，这样就形成了气温的反常分布，由于热胀冷缩，接近沙土的下层热空气密度小而上层冷空气的密度大，这样空气的折射率就是下层小而上层

大。当远处较高物体反射出来的光，从上层较密空气进入下层较疏空气时被不断折射，其入射角逐渐增大，增大到等于临界角时发生全反射，这时，人要是逆着反射光线看去，就会看到海市蜃楼现象。

水制放大镜

液态的水无固定的形状，因而，可以随盛装的容器而形成它的容积形状，利用水这种特性，把水装进一定形状的容器里，可以制成水透镜。这种水透镜也能像玻璃透镜一样，具有放大作用。

实验前的准备

彩色珠子、碗、保鲜薄膜、水。

实验过程

① 把彩色珠子放入碗中，用保鲜膜封住。

② 用手轻轻把碗口上面的保鲜膜向下按一些，使保鲜膜凹下去。

③将水倒在保鲜膜上，通过水看碗中的物体，观察彩色珠子与平时有什么不同。

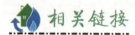 柯博士告诉你

碗里的物品看起来大了不少，这是因为保鲜膜上的水形似凸透镜的形状，因为水也是透明的，这形似凸透镜的水也就具有了凸透镜的功能，所以，当你透过这样一个水透镜看物体时，看到的物体会大于原有形状。

相关链接

◎ 望远镜

望远镜是天文学家的眼睛，他们借助于望远镜观察天空，发现宇宙的秘密。

发明望远镜的是荷兰一个小镇眼镜店的老板利伯希。

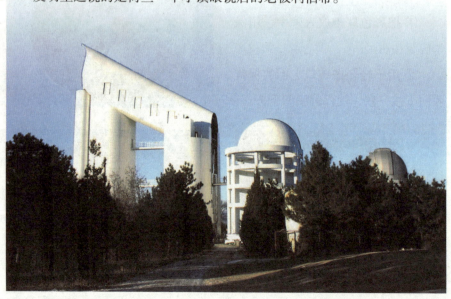

17世纪初的一天，利伯希为检查磨制出来的透镜质量，把一块凸透镜和一块凹镜排成一条线，通过透镜看过去，发现远处的教堂塔尖好像变大拉近了，于是在无意中发现了望远镜的秘密。

1608年他为自己制作的望远镜申请专利，并遵从当局的要求，造了一个双筒望远镜。

望远镜发明的消息很快在欧洲各国流传开了，意大利科学家伽利略得知这个消息之后，就连续自制了三架。1609年10月他做出的第三架望远镜能放大30倍。

伽利略用自制的望远镜观察夜空，第一次发现了月球表面是高低不平的，覆盖着山脉并有火山口的裂痕。

几乎同时，德国的天文学家开普勒也开始研究望远镜，以后又有许多人制造并改进望远镜，望远镜越做越大，倍率也越来越高。现代的望远镜简直就像一座庞大的怪物。有的望远镜口径已达100米以上，可以看到更广泛的宇宙空间。

冰制放大镜

冰也有各种各样的形状，可以用人工的方法磨制成，也可以把水注入进各种各样的容器里，冷冻成各种各样的形状。冷冻后的水变成了冰，但是冰也像水一样是透明的，冰也就能透过光线，使光发生折射。做一个实验试一试。

实验前的准备

一个底部向下凹的不锈钢的小碗、一张黑色的纸。

实验过程

① 向小碗倒入半碗水，然后，把小碗放入冰箱冷冻室，待水

冷冻成冰后，把碗放到热水中浸一下，倒出冰块。这冰块就是一块冰制的凸透镜。

②用冰制的凸透镜看一些小的米粒或蚂蚁等昆虫。

③用冰制的凸透镜聚焦，照射黑纸，观察烧焦和引燃黑纸的过程。

柯博士告诉你

用冰制的放大镜可以引燃火种，这是因为冰是透明的，光线可以透过冰制的放大镜。光通过冰制的放大镜时，也会像通过玻璃透镜一样发生光的折射现象，由于折射的光线把光的能量聚集在焦点上，这就发生了焦点上的能量不断聚集，以使焦点上的温度不断升高，直至达到可燃物的燃点，使可燃物燃烧起来。

相关链接

◎ 用"冰"取火

用"冰"取火，你听说过吗？这种取火的方法是通过特殊形状的冰，来积聚太阳能量取火。法国著名的科幻小说家儒勒·凡尔纳在他的小说《哈特拉斯船员历险记》中，就有用冰取火的描写。

也曾有史学家记载说：一支南极探险队在南极考察中，遇到了暴风雪的袭击。探险队由于丢

失了火种，全体队员面临着寒冷、饥饿和死亡的威胁，于是大家都来想办法。

南极是冰雪的世界，哪里又能弄到火呢？一些人望着蓝天，看着那可爱的太阳，突然，一位队员幻想地说："要是太阳给我们送一把火就好了，我们就不会挨冻了。"

这句话勾起了一位聪明队员的联想：对了，凸透镜可以聚太阳光成焦点取火。可是到哪里去找凸透镜呢？

想了一会儿后，他立即取一块坚冰，磨成与凸透镜相仿的样子打算试一试。阳光照了一会儿，点燃了引火物。

"火！火！！"一些队员们立刻精神起来，他们互相拥抱着，"我们得救了"，全体探险队员们欢呼起来。

◎ 凸透镜

凸透镜是根据光的折射原理制成的。凸透镜是中央部分较厚的透镜。凸透镜分为双凸、平凸和凹凸等形式，凸透镜有会聚作用故又称聚光透镜，较厚的凸透镜则有望远、会聚等作用，这与透镜的厚度有关。

将光线平行于轴射入凸透镜，光在透镜的两面经过两次折射后，集中在轴上的一点，此点叫做凸透镜的焦点，凸透镜在两侧各有一个焦点，如为薄透镜时，此两焦点至透镜中心的距离大致相等。凸透镜之焦距是指焦点到透镜中心的距离，通常以"f"表示。凸透镜球面半径越小，焦距越短。凸透镜可用于放大镜、老花眼及远视眼镜、摄影机、电影放映机、显微镜、望远镜的制作等。

杯子做的打击乐器

　　收集几个相同的杯子，向杯内倒入不同高度的水，用筷子敲击杯子，杯子会发出不同的音调。仔细调节水量，可使各杯子发出不同的音调。

实验前的准备

　　杯子七个、筷子一双、水。

实验过程

　　①将七个杯子摆在桌面上，每个杯子分别倒入不同量的清水。

　　②用筷子敲打杯子，倾听杯子发出的声音，调节杯中水量，以让它们发出各自不同的音调。

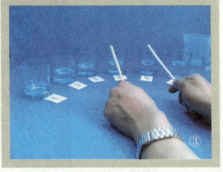

③试着演奏一首简单的乐曲。

柯博士告诉你

振动的物体可以发出声音，而不同的声源由于振动的频率不一样，发出的声音也会不一样。不同振动频率可以发出不同的声音。

杯子里装不同量的水，在敲击时它们的振动频率就会不一样，装水多的杯子，振动频率就会低一些，因此声音也就低一些。反之，装水少的杯子，振动频率就会高一些，因此声音也就会高一些。

相关链接

◎ 制造令人心神震撼的声音

当你坐到音乐厅里，聆听着令人心醉的音乐时，你的脑海里就会映现美丽的迷人风光。这是音乐家们用声音来描绘和表现的景色。而这些声音来自不同的乐器，这些乐器是由不同的材料制作的，不同材料的振动会发出不同的音调，由于它们的形状不同，振动的频率也有差别，因此也会发出高低不同的声音。这个不同的音色、不同的音高、不同的速度，就组成了不可比拟的音乐，这就是音乐家们制造的令人心神震撼的声音。

声音的高低强弱

　　地球上充满着各种各样的声源及声音传播的介质，因此也就产生了多种多样的声音。

　　悦耳的声音可以给人们带来愉悦，嘈杂的声音或令人恐怖或令人烦躁，甚至令人无法忍受。

实验前的准备

　　小玻璃瓶，清水。

实验过程

①用嘴唇贴近瓶口，用力吹瓶口，你会听到声音。

②往瓶子里注入1/2的清水，再吹瓶口，你会听到声音，但是这和吹

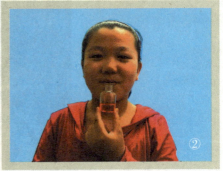

空瓶子的声音有些不一样了，音调有些高了。

　　③ 再次往瓶子里注入约瓶子2/3的清水，这时，你再次吹瓶口，音调还会升高。

柯博士告诉你

　　吹瓶口会发出声音，这是因为瓶子里有空气。瓶子里的空气受振动发出声音。因为是空瓶子，瓶内的空气多，这样空气振动发出的声音音调就会较低，而添加了清水后，瓶子里的空气就会减少，因而发出的声音音调就会较高。如果你仔细听乐队演奏，就会发现乐队里的小提琴会发出较高的声音，而大提琴会发出低沉浑厚的声音，小号发出的声音要远远高于低音号的声音。

相关链接

◎ 观察振动

　　声音是由物体的振动而发出的，这种振动现象是可以观察到的，只是有些时候不易被发现。

　　准备：芝麻、桌子

实验过程

把芝麻放在桌子上，用手敲桌子，观察桌子上的芝麻状态。

原理揭秘

用手敲桌子桌子会发出声音，桌子被敲击后发生了振动，同时，芝麻会跳动起来。

◎ 声音也能计量

一切物质几乎都可以用量来表示，也就是都可以计量。比如，重量、体积、面积、容积、能量、力的大小、光的速度等等，声音也同样可以计量，计量声音的单位是分贝，测量声音的仪器是分贝计。

轻轻的说话声是20分贝

一般低声谈话声是40分贝

电视机、收音机的一般音量是60分贝

人车混杂的街路上的声音是60—70分贝

混凝土搅拌机（距离50米内）的声音约70分贝

火车行驶的声音超过80分贝

打桩机（距离50米内）的声音是90分贝

飞机升空的声音超过120分贝

◎ 恼人的城市环境噪声

城市是人口聚集的地方，城市里高楼林立、街路纵横交织、车水马龙、人头攒动，环境噪声此起彼伏。

　　这里有建筑工地传出的打桩机、电锯等发出刺耳的建筑噪声；还有工厂里传出的气锤、重型机械发出的隆隆声以及各种车辆发出的交通噪声等。

磁性摆针

磁铁能吸引铁，也能把铁磁化，使被磁化的铁能带有磁性，也能退磁。这种现象在有趣的实验中可以看得更清楚，我们来试一试吧。

实验前的准备

磁铁、缝衣针、细铜丝、铁圈、蜡烛、铁架。

实验过程

① 把细铜丝穿过缝衣针的针眼，再穿过铁圈，然后把铁圈固定在木棍上，木棍固定在铁架上。

② 点燃蜡烛，拿起磁铁，慢慢地靠近缝衣针，使缝衣针被磁铁吸

引，但不能靠得太近，不能让磁铁把缝衣针吸住，而是让缝衣针向磁铁移动，并悬在空中。

③拿起蜡烛，从下方为缝衣针加热，直至缝衣针脱离磁场，向磁场原来方向摆去，再把蜡烛移开。

柯博士告诉你

缝衣针是铁制的，因而它受到磁力吸引时就会向磁铁靠近，甚至会被吸引到磁铁上。但我们不让它吸过去，而是只让缝衣针悬空，停留在磁铁的磁力和针的重力平衡点上，这时缝衣针在磁场中已经被磁化。

当点燃的蜡烛加热了缝衣针时，受热的缝衣针就退磁了，没有了磁力的缝衣针就会向磁铁的反方向摆动，直至回到原来的位置。缝衣针时而被磁化，时而又退磁，这样缝衣针就会来回地摆动。

相关链接

◎ 指南针

指南针是用以判别方位的一种简单仪器。指南针的前身是中国古代四大发明之一的司南。主要组成部分是一根装在轴上可以自由转动的磁针。磁针在地磁场作用下能保持在磁子午线的切线方向上。磁针的北极指向地理的南极，利用这

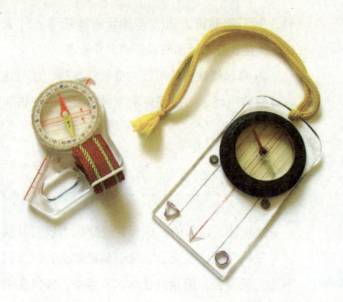

一性能可以辨别方向。常用于航海、大地测量、旅行及军事等方面。

指南针的发明是我国劳动人民在长期的实践中对物体磁性认识的结果。由于生产劳动，人们接触了磁铁矿，开始了对磁性质的了解。人们首先发现了磁石吸铁的性质。后来又发现了磁石的指向性。经过多方的实验和研究，终于发明了指南针。

地球是个大磁体，其地磁南极在地球北极附近，地磁北极在地球南极附近。指南针在地球的磁场中受磁场力的作用，所以会一端指南一端指北。

◎ 警 示

一些机械手表千万不要放在有磁场的地方，否则容易被磁化，影响手表的准确性。

🌀 **静电魔力** 🌀

静电现象在我们生活中常常遇到。有时我们在不经意的情况下，它就会对我们突然袭击。如，当我们开门那一瞬间，无意中就受到门把手的放电一击。幸亏不会有什么危险，只不过是吓了一跳。

🌿 实验前的准备

纸板、胶带纸、包装用塑料绳、梳子、塑料棒或气球棒、羊毛围巾或羊毛衫、废旧包装泡沫塑料板。

🌿 实验过程

① 在纸板上画一个圆，并剪下这个圆，向圆心剪一个口，用胶带纸粘和接缝处固定。

　　② 做一个圆锥体的尖顶帽子。剪一段30厘米包装用塑料绳，把包装用塑料绳用胶带纸贴在帽子里10厘米，然后从顶尖的孔中穿出帽子外面。

　　③ 把帽子外面的绳剪成许多细丝。

　　④ 请你的助手带上这顶帽子，并站在泡沫板上伸出中指。

　　⑤ 你拿起羊毛围巾反复地在塑料棒上摩擦，然后，用带上了静电的塑料棒对接你助手的中指。

　　⑥ 反复几次摩擦，几次对接，直至看到尖顶帽子上的细丝竖了起来。

柯博士告诉你

　　用羊毛围巾摩擦塑料棒，会使塑料棒带上电荷，当你用塑料棒接触你的助手的中指时，电荷就传导到你的助手身上。由于你的助手站在绝缘的泡沫塑料板上，因此，电荷不会导入地下，而会在他的身上积累，一次次地接触，电荷越积越多，并传导到帽子上，那些细丝带上了同一种电荷就会因相互排斥而竖了起来。

 相关链接

◎ 静电的利用

人们在了解静电以后，就利用静电为人类服务，人们发明了静电除尘、静电喷涂、静电植绒、静电复印等。

静电除尘是利用静电场使气体电离，从而使尘粒带电吸附到电极上的收尘方法。在强电场中空气分子被电离为正离子和电子，电子奔向正极过程中遇到尘粒，使尘粒带负电吸附到正极被收集。常用于以煤为燃料的工厂、电站，收集烟气中的煤灰和粉尘，以消除烟气中的煤尘，使烟囱不再冒黑烟。

静电复印可以迅速、方便地把图书、资料、文件复印下来。

高压静电还能对白酒、酸醋和酱油的陈化有促进作用。陈化后的白酒、酸醋和酱油的味道会更纯正。

◎ 常见的人体静电放电现象

在日常生活中，我们常常会碰到这种现象：晚上脱衣服睡觉时，黑暗中常听到噼啪的声响，

而且伴有蓝光；见面握手时，手指刚一接触到对方，会突然感到指尖针刺般疼痛，令人大惊失色；早上起来梳头时，头发会经常"飘"起来，越理越乱；拉门把手、开水龙头时也会时常发出"啪、啪"的声响；这些现象就是体内静电对外"放电"的结果。

◎ 油罐车后面的铁链

静电有时候会给我们带来麻烦，特别是一些物体上，积累了过多的电荷就可能给我们带来危害，甚至发生危险。于是，人们也发明了一些方法，避免静电给我们造成的伤害。

油罐车后边拖着的一个铁链，就是把车上多余的电荷导入地下的一种装置。

神奇的磁力

磁体是一种很神奇的物质。它无形的力，既能把一些东西吸过来，又能把一些东西排开。在我们周围，有很多磁体。比如，电视机就离不开磁体，我们能够听到磁带或唱片上的音乐，也是磁体的功劳。计算机用磁体来储存信息。地球本身也是一个大的磁体，并有它自己的磁力。

电和磁有着密切的关系，磁可以产生电，电也能产生磁，做个实验来体验一下吧。

 实验前的准备

铁钉、大头针、铜线、电池、导线。

实验过程

① 把铜线缠绕在铁钉上。

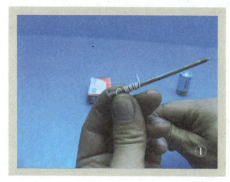

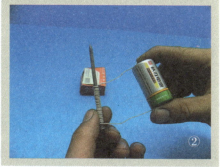

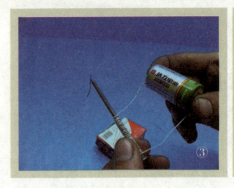

②把导线两端接入电池正、负极。

③通电后，用铁钉接近大头针，大头针被铁钉吸引。

④切断电源后，再用铁钉接触大头针，铁钉不再吸引大头针。

柯博士告诉你

绕铁钉的铜线在接通电路后，缠绕的铜线圈间就形成了一个磁场，在这个磁场内的铜线圈被磁化，于是铁钉就被磁化，铁钉有了磁力，这磁力就可以吸引大头针。当切断电流后，铜线圈内的磁场就会消失，铁钉的磁力也将消失。

相关链接

◎ **磁性矿物**

自然界的各类岩石中最常见的磁性矿物有铁钛、铁锰氧化物及氢氧化物、铁的硫化物以及

铁、钴、镍、合金等等。科学家们认为，这些矿物的磁学状态除铁、钴、镍及其合金之类属铁磁性外，其余则属反铁磁性（如钛铁矿、赤铁矿、针铁矿、钛尖晶石及陨硫铁等），或铁氧体性（如磁铁矿、磁赤铁矿、磁黄铁矿、锰尖晶石等）。其中铁氧体性的磁铁矿、磁赤铁矿的磁性最强。

被人类认识的最早并在实践中加以应用的磁性矿物是磁石，或在我国历史上被称为"慈石"的磁铁矿。两千年前中国人发明磁罗盘就是磁性矿物应用的典型范例。经过数百年的探索，到19世纪中叶，人们对自然界中由各种矿物组成的岩石具有磁性这一普遍现象有了清楚的认识，并开始对各种矿物的磁学性质进行深入的科学研究。

◎ 极 光

在地球两极的极地天空中产生的极光，是由地球的磁性引起的。一些科学家认为，许多鸟类是依靠地球的磁性来辨别方向，不远千里而迁徙。

◎ 电磁起重机

电磁起重机是利用磁铁可以吸引铁器的原理制造的起重设备。在一些废旧物处理的现场，人们用电磁起重机来搬运或分拣铁制品，这种方法很方便也很省力；在一些车间人们还设置了磁性天桥，以搬运铁制品的机械零件。

汤匙变磁铁

一个铁制的物体，可以变成磁铁吗？这是一个有趣的问题，回答当然是肯定的，普通的铁也可以通过磁化处理变成一块磁铁，做一个实验吧。

实验前的准备

金属汤匙、磁铁、铁钉、曲别针。

实验过程

① 用金属汤匙去吸铁钉、曲别针。

② 在手里拿一块磁铁慢慢地在汤匙上来回摩擦。

③ 汤勺将铁钉、曲别针吸起来了。

④ 将汤匙在桌子上一敲，汤匙的磁力又消失了。

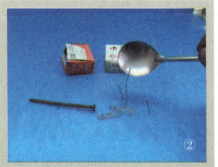

③   ④

 柯博士告诉你

　　构成汤匙的金属物质可以被看成是一个个的小磁铁，但由于它们的磁场方向不同，作用被相互抵消，整个汤匙也就没有了磁性。而如果用一块真正磁铁的磁力，将汤匙内部的小磁铁的磁场强行排列成同一方向，汤匙就会带有磁力，因而，它就会吸引其他小块的铁。将汤匙在桌子上一敲，其内部小磁铁的磁场排列又被破坏掉，汤匙的磁力也就消失了。

相关链接

◎ 录音机
　　录音机的放音装置和耳机中都带有磁体。磁带上记录信息的物质是磁体的粉末，称为磁粉。

◎ 电磁炉
　　电磁炉是采用磁场感应涡流加热原理，它利用电流通过线圈产生磁场，当磁场内的磁力通过含铁质锅底部时，即会产生无数的小涡流，使锅体本身自行高速发热，然后再加热于锅内食物。电磁炉工作时产生的电磁波，完全被线圈底部的屏蔽层和顶板上的含铁质锅所吸收，不会泄漏，对

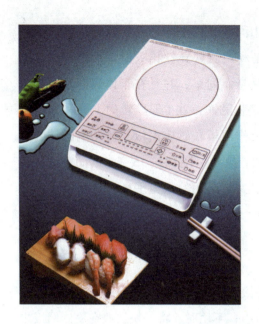

人体健康绝对无危害。

电磁炉因不燃烧燃料，所以无明火、无热辐射、无烟、无灰、无污染、不升高室温，也不会发生爆炸等优点，是现代理想的厨具。

◎ 磁悬浮列车

磁悬浮列车是运用磁铁"同性相斥，异性相吸"的性质，使列车悬浮在轨道上，让列车完全脱离轨道而悬浮行驶，成为"无轮"列车。

列车由于悬浮行驶，就没有车轮与道轨的摩擦力，因而大大地提高了速度，时速可达几百公里以上。

由于磁铁有同性相斥和异性相吸两种形式，所以，磁悬浮列车也有两种相应的形式：一种是利用磁铁同性相斥原理而设计的电磁运行系统的磁悬浮列车，它利用车上超导体电磁铁形成的磁场与轨道上线圈形成的磁场之间所产生的相斥力，使车体悬浮运行在导轨上。

另一种则是利用磁铁异性相吸原理而设计的电动力运行系统的磁悬浮列车，它是在车体底部及两侧倒转向上的顶部安装磁铁，在T形导轨的上方和伸臂部分下方分别设反作用板和感应钢板，控制电磁铁的电流，使电磁铁和导轨间保持10—15毫米的间隙，并使导轨钢板的吸引力与车辆的重力平衡，从而使车体悬浮于导轨面上运行。

◎ 警 示

千万不要将磁铁放置在电视机、电脑、软磁盘、录音磁带等物品旁边；不用时，将一块铁放在磁体两极之间，或将一对磁体吸在一起。

带电的气球

两个气球在什么情况下会相互吸引，什么情况下会相互排斥呢？

 实验前的准备

气球两个、线绳、硬纸板。

实验过程

①将两个气球分别吹起，让气球鼓起来并在口上打结。用线将两个气球连接并挂起来。用头发（或者羊毛）在气球上摩擦。

②一会儿，两个气球就分开了。

③将硬纸板放在两个气球之间，气球上的电使它们被吸引到纸板上，气球就会向中间靠拢。

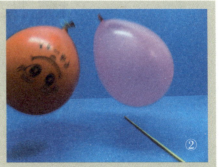

③

柯博士告诉你

当气球挂起来的时候，两个气球由于细绳的连接，所以是紧紧的靠在一起的，如果，你用干燥的毛织物摩擦其中的一个气球，这个被摩擦的气球上的电荷就会改变，这样，两个气球就形成了一个气球上的电排斥另一个气球上的电。于是两个气球就会分离。如果，用一张纸板放在分开的两个气球中间，摩擦的那个气球的电荷就会释放到纸板上，因此，两个气球又会向纸板靠拢。

相关链接

◎ 火电厂的电除尘器

电除尘器是火力发电厂必备的配套设备，它的功能是将烟气中的颗粒烟尘加以清除，从而大幅度降低排入大气中的烟尘量，这是改善环境污染，提高空气质量的重要环保设备。它的工作原理是烟气通过电除尘器主体结构前的烟道时，使其烟尘带正电荷，然后烟气进入设置多层阴极板的电除尘器通道。由于带正电荷烟尘与阴极电板的相互吸附作用，使烟气中的颗粒烟尘吸附在阴极上，定时打击阴极板，使具有一定厚度的烟尘在自重和振动的双重作用下跌落在电除尘器结构下方的灰斗中，从而达到清除烟气中的烟尘的目的。由于火电厂一般机组功率较大，如60万千瓦机组，每小时燃煤量达180吨左右，其烟尘量可想而知。因此对应的电除尘器结构也较为庞大。整个电除尘器高度均在35米以上，是一个钢铁结构的庞然大物。

自制趣味电池实验

电池是我们生活中经常见到的日用品之一。手电筒、电子表、手机、数码相机、汽车、飞机等等许多地方都能用到电池。电池的形状和规格也不一样，甚至是五花八门种类繁多。我们也可以自己制作一个趣味电池。

实验前的准备

铜片和锌片、导线、四个苹果或番茄等有酸味的水果、万用表。

实验过程

① 把导线两端的塑料线外皮削去，导线外的绝缘漆刮掉。
② 按硬币大小，剪出铜片和锌片。把铜片、锌片接上导线。
③ 分别把导线插入苹果中接入电路。

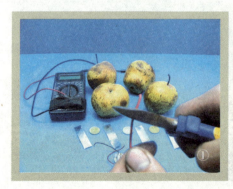

④ 把万用表也接入电路中，这时可以看到电流表的指针有显示。这就做成了一个水果电池。如果把水果电池接入电子音乐贺卡的电路中，实验一下，你就会听到悦耳的音乐。

柯博士告诉你

伏打在1780年，发明伏打电池时做过一个实验，他当时用沾湿了的硬纸和麻布中间夹金属片做了这个著名的实验，通过这个实验，伏打发明了电池。伏打做过的实验和我们的这个实验有相同处，就是锌片都放出了电子，因此这是负极，而铜片得到了电子，是电池的正极。

这个实验制作的是生物电池，它是把化学能转变成电能的一种电池。这和伏打电池也有不同点，就是伏打电池是用盐水来导电；而我们这个实验是用酸性果汁来导电的。

相关链接

◎ 各种各样的电池

电池的用途越来越广了，无论在天上或地下甚至在人的身体里都有电

池的身影。

科学家们为人的身体医疗用电设计制作了电池。

在两根长2厘米直径约0.007毫米的碳棒上面，由一层聚合物和葡萄糖氧化酶组成的外衣包裹，这每一个碳棒就是一个电极，这个用肉眼很难看清的、比头发丝还细的小东西，能与人体皮肤下或脊髓中所含的葡萄糖的体液组成一个电池，这个电池能产生有用的生物电。这种生物电就可以驱动身体外部的传感器，利用这种方法以自动监测自己的身体健康状况。

在公园里，有太阳能电池点亮的景灯；在卫星上太阳能电池不断地接受太阳能量转化成电能供卫星的仪器之用。

人们还惊奇地发现，细菌还具有捕捉太阳能并把它直接转化成电能的"特异功能"。最近，美国、英国、日本等国的科学家还研制了细菌电池。

制造闪电小实验

电闪雷鸣是常见的自然现象，现在人们已经知道这是一种自然界的放电现象，通过实验可以模拟这种现象，让我们也来做个这样的模拟实验吧。

实验前的准备

玻璃杯、铝锅铲、硬泡沫塑料、毛线织物、美工刀。

实验过程

① 把硬泡沫塑料用美工刀切成豆腐块大小。

② 把铝锅铲放到玻璃杯上。

③ 用毛线织物摩擦硬泡沫塑料块，然后放到铝锅铲上。

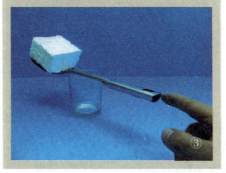

用食指尖慢慢接近铲柄，当手指尖与铲柄达到一定距离时，你会看到手指尖与铲柄之间会产生闪电现象。

柯博士告诉你

经过摩擦的泡沫塑料，带上了过多电荷。把它放到铝锅铲上，这些电荷传导到锅铲上，当你用手接近锅铲时，锅铲上的过多的电荷就会对手指尖释放电荷，这也是一种放电现象。

相关链接

◎ 著名的风筝实验

轰隆隆的雷声从天空滚过，震撼着山川大地，一条条耀眼的银蛇在天空飞舞，随之而来的是狂风暴雨。在我们现代人看来这只不过是一种自然

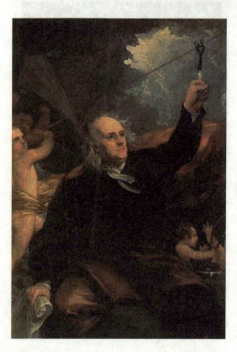

现象罢了，可我们的祖先却对此难以理解，他们想象天上一定有种神秘的力量支配着这一切。在希腊神话中，雷电就在万神之王宙斯的手中，它有无比的威力，当他生气发怒时，就把雷电放出来震慑群神和人类。

中国人传说这是雷公电母在惩治邪恶，后来的欧美人又把雷电和上帝联系起来，说是上帝主宰雷电。

随着人类的进步和发展，许多人都想用科学的方法揭穿雷电的秘密。第一个做这种实验并取得成功的人是美国的富兰克林。

1752年7月，富兰克林做了一次震惊世界的实验。他在大雷雨即将到来之前，把一只大风筝放到天空，风筝越飞越高，肉眼几乎看不见，这时大雨倾盆而下，富兰克林握风筝线的手突然感

到一阵麻木，紧接着，挂在风筝线下端的铜铃振动起来，伴随着阵阵声响冒出点点火花。"成功了！成功了！"富兰克林扔下风筝兴奋地大叫起来。他冒着生命危险终于揭开了雷电之谜。

其实，富兰克林早就在思考雷电的问题，1749年他就曾写报告给英国皇家学会，建议用尖端金属杆装在屋顶，再用铁丝把铁杆同地面连接起来，这样就可以把天上的电引到地下，防止房屋遭到雷击。但他的建议却遭到皇家学会科学家们的讥讽和嘲笑。富兰克林相信自己的想法是对的，就写信告诉一个法国朋友。那法国人用一根铁杆直立在屋顶上，在雷雨时真的把天空中的闪电引到了地下，这就是富兰克林发明的避雷针，我们至今还在使用。

后来，富兰克林通过进一步研究，了解到电是会流动的，它还可以分为正电和负电。富兰克林是电学原理的创始人之一。

模拟直升机飞行实验

直升飞机是一种机动性很强的飞机，它起飞和降落对场地的要求不高，飞行速度快、可以空中悬停等优点在军用、民用方面都有广泛的用途。

实验前的准备

厚的硬纸板、筷子、快干胶、剪子、锥子。

实验过程

① 在纸板上画出长12厘米，宽2厘米的两个旋翼的材料，然后用剪刀剪下。注意要剪得整齐，一般大小。

② 用剪刀把每一个旋翼叶片进行加工，顺长度中心线的一端剪一个2厘米的缝隙。把两个悬翼叶片的开口处对插，并涂上快干胶，使其粘牢，

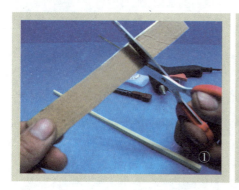
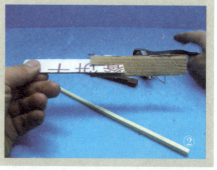

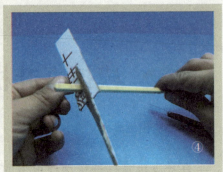

这时两个悬翼叶片就成为了一个整体，这个整体的旋翼叶片的两部分并不在一个平面上，而是有了一个角度。

③ 在旋翼中间的地方，用锥子扎一个孔，并把筷子插进孔中，用快干胶粘牢。

④ 用双手搓捻筷子，使筷子转动起来，当你松手之后，这个旋翼就会飞向空中。

柯博士告诉你

用手搓捻筷子时，筷子就会转动，并带动旋翼转动，由于旋翼的中心点两边的角度不一样，快速的转动就会产生一种升力，使旋翼上升飞出你的手中。

 相关链接

◎ 直升机

　　直升机是靠它的旋翼产生的升力飞行的一种飞机。它小巧、灵活，不用跑道，垂直起降。因而，在军事、民用、科研等许多方面都有特殊的用途。

　　竹蜻蜓又叫飞螺旋和"中国陀螺"，这是我们祖先的奇特发明。有人认为，中国在公元前400年就有了竹蜻蜓，另一种估计是在明代时出现的。这种叫竹蜻蜓的民间玩具，一直流传到现在，它也是早期的直升机旋翼的雏形。

而达·芬奇直升机的草图是在1475年绘出的，他的设想更引起了科学家发明的兴趣。

1907年8月，法国人保罗·科尔尼研制出一架全尺寸载人直升机，并在同年11月13日试飞成功。这架直升机被称为"人类第一架直升机"。这架名为"飞行自行车"的直升机不仅靠自身动力离开地面0.3米，完成了垂直升空，而且还连续飞行了20秒钟，实现了自由飞行。

1938年，年轻的德国姑娘汉纳赖奇驾驶一架双旋翼直升机在柏林体育场进行了一次完美的飞行表演。这架直升机被直升机界认为是世界上第一种试飞成功的直升机，她的发明为直升机的外形奠定了基础，直至现在仍被设计者采用。

◎ 想一想

你可以用塑料片、木片、竹片等其他材料做一个这样的旋翼吗？例如做一个竹蜻蜓玩具。

瓶子赛跑

装有沙子和装有水的两个同等重量的瓶子从一个高度滚下来，谁先到达终点？

实验前的准备

同等大小、重量相等的瓶子两个、沙子、水、一块长一米以上的长方形木板、几本厚书。

实验过程

① 用长方形木板和两本书搭成一个斜坡。将一个瓶子装入沙子，将另一个瓶子装入水。

② 把两只瓶子放在木板上，

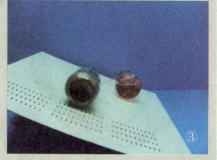

在同一起始高度让两只瓶子同时向下滚动。

③装水的瓶子比装沙子的瓶子提前到达终点。

柯博士告诉你

沙子对瓶子内壁的摩擦比水对瓶子内壁的摩擦要大得多，而且沙子之间还会有摩擦，因此装沙瓶子的下滑速度比装水的瓶子要慢。

相关链接

◎ 生活中减弱和增加摩擦力的办法

在生活中我们常遇见因摩擦力的影响而使我们很尴尬的情况，于是人们想到了许多办法，这些办法或是克服摩擦力的，使摩擦力减弱，或是增大摩擦力，使摩擦力增强。

如，在冰雪天，道路因冰雪光滑，车轮在光滑的路面上摩擦力大为降低，甚至使车轮在路面上打滑，为了加大车轮与路面的摩擦力，人们往往给车轮带上防滑链，加大了车轮与地面的摩擦力。

为了提高机械的转动灵活性，人们会不时地为机械加点油，减少机械零件间的摩擦力。如，为车辆定时加润滑油。

马德堡半球实验

　　1646年，德国马德堡的市长做了个轰动一时的实验。他把两个直径为半米的中空的铁制半球合在一起，抽光了里面的空气，然后关上了抽气管的门，他请人把这两个半球拉开，可谁也拉不开。后来，市长在两个半球上分别挂上十五匹马，让它们背道而驰，还是不能拉开球体。最后，两个半球还是借由解除真空状态才得以分开。

　　同学们没有做铁制马德堡半球实验的条件，但你们想不想用笔帽做个"马德堡半球"实验？

 实验前的准备

两个带小吸盘的笔帽、玻璃杯、水。

 实验过程

① 两个小吸盘沾点水。

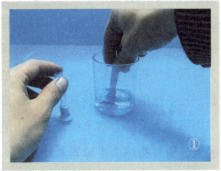

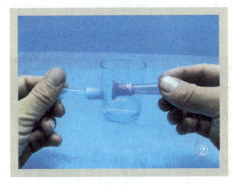

②把两个吸盘边缘对齐，面对面合在一起。

③拉一拉吸盘两边，看是不是很难拉开。

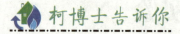
柯博士告诉你

这个"吸盘马德堡半球"与铁制马德堡半球的原理是一样的，都是利用了半球内外压力的不同。铁制马德堡半球的内部空气很稀薄，所以压力很小，而半球外面的大气却有巨大的压力，因而把两个半球紧紧地压在一起。要拉开这两个半球就必须克服这种压力。

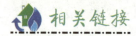
相关链接

◎ 马德堡半球实验

1654年德国马德堡市的市长、学者格里克表演了一个最惊人的实验。他把两个铜质直径五十多厘米的空心半球紧贴在一起，两半球的对口处经过研磨。在贴在一起之前，用抹布将对口处擦净，并涂上凡士林，两半球接触后，用力压一下并稍稍左右转动一下，然后打开阀门，并用胶皮管把气嘴跟抽气机相连接，将球内气体抽出后，球外的大气压使两半球合在一起。在半球的两侧各装有一个巨铜环，环上各用十五匹马向两侧拉动，结果用了相当大的力却未拉开。球内的空气被抽出，没有空气压强，而外面的大气压就将两个半球紧紧地压在一起。通过上述实验不仅证明大气压的存在而且证明大气压力是很大的。这个实验是在马德堡市进行的，因此将这两个半球叫"马德堡半球"，而将这个实验叫"马德堡半球实验"。

平面镜的妙用——万花筒

万花筒是一种光学玩具，只要往筒里一看，就会出现一朵美丽的"花"。将它稍微转一下，又会出现另一种花的图案。不断地转，图案也在不断变化，万花筒里的世界真是千变万化呀！

实验前的准备

三面一样大的长方形镜片、三张硬纸、一块透明塑料、几张小彩纸、一张透明描图纸、剪刀、锥子、胶带。

实验过程

① 将三面镜片平铺在桌面上，用胶带在背面把镜子粘在一起。

② 镜面朝里，把三面镜片组成一个三角形柱体。

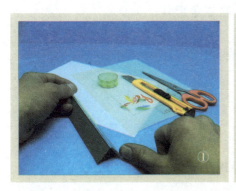

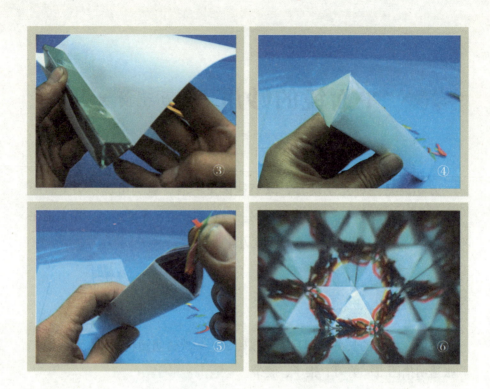

③三角形柱体一端用硬纸封住，硬纸中间用锥子扎一个小孔。

④将塑料和描图纸剪成三角形（大小与三角形柱体底面相同），把彩纸用剪刀剪成小纸屑。放在透明塑料上，盖上描图纸，用胶带封好边。

⑤将装有纸屑的透明塑料固定在三角形柱体的另一端，透明描图纸一面朝外，万花筒做好了。

 柯博士告诉你

万花筒的图案是如何来的呢？原理在于光的

反射，是靠玻璃镜片反射而成的。万花筒是由两面相交成60°角的三个镜片组成的，由于光的反射定律，放在两面镜子之间的每一件东西都会映出6个对称的图像来，构成一个六边形的图案（如果用夹角是45°的两面镜子做成万花筒，得到的图案就是八边形的）。

除了三面镜片以外，在一端还有一些各色玻璃碎片，这些碎片经过三面玻璃片的反射，就会出现对称的图案，看上去就像一朵朵盛开的花。

◎ 令人眼花缭乱的万花筒

镜子就是利用光的反射来成像的，这种成像原理在我国远古时代的古人就已掌握。古书《庄子》里就有"鉴止于水"的说法，即用静止的水当镜子。

据传说真正的万花筒玩具是英国物理

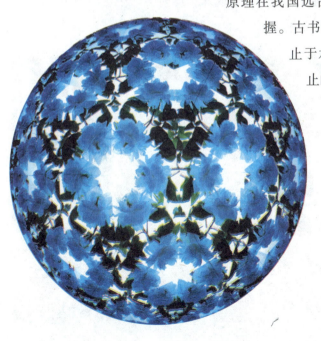

学家大卫·布尔斯答于1816年发明的。

万花筒的镜体结构有三镜、四镜、锥形、旋转等多种结构，让我们看到的景象，不仅有圆形的甜美、多边形的嬗变，更有烟花般的魅力四射。

大约一百多年前，万花筒传入中国。由于当时制作材料和工艺的限制，万花筒只能作为清王朝达官贵人的私室珍藏。随着封建王朝闭关锁国政策被打破，以及中国民族工业的发展，万花筒的造价也渐渐变得低廉，因此也就进入了寻常百姓家，成为人们喜欢的光学玩具。

早先的万花筒，里面所看到的花是剪成碎片的彩纸，透明度很差，后来有人尝试使用更透明的彩色碎玻璃。随着时间的推移，万花筒里面的"花"，变成了彩色塑料片、光滑的玻璃珠，反射用的三块玻璃也换成了三块镜子。

牛顿摇篮

你一定见过摇篮吧，摇篮是婴儿睡觉时用的。不过我们这里的摇篮并不是那种摇篮，而是一个著名物理实验的桌面演示工具，一个有趣的实验！

实验前的准备

细绳、玻璃球、吸管、泡沫板、铁丝、强力胶。

实验过程

① 将铁丝制成两个一样大的"门"字型，固定在泡沫板上，这就是牛顿摆的支架。

② 把吸管剪断成六小段。

③ 把六个玻璃球都分别贴上吸管。

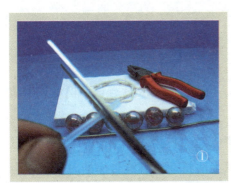

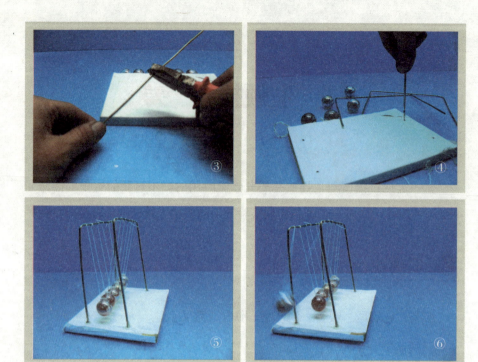

④在每个玻璃球上的吸管中穿上棉线。

⑤把六个玻璃球穿的线两端分别系在"门"字型横梁上，注意长短要相同，并使这些球都在一条直线上。

⑥一边抬起一个球，另一边会弹起一个球。一边抬起两个球，另一边也弹起两个球。

柯博士告诉你

牛顿摇篮是一个有趣的碰撞现象，它直观地说明了弹性碰撞过程中动量的传递。

最左边的球得到动量并通过碰撞传递到右侧并排悬挂的球上，动量在四个球中向右传递。当最右边的球无法将动量继续传递的时候，就会被弹出。

　　这是一系列弹性碰撞，其中并不包含非弹性碰撞和动量。由于在碰撞中不存在其他力的影响，左侧球的动量必须传递给右侧静止的球。右侧球被碰撞后具有相同的动量。被碰撞的球都具有向右的速度并有向右移动的趋势，所以才有了上面实验的结果。

相关链接

◎ 牛顿摆

　　牛顿摆实验是一个著名的物理实验，因它的实验过程像摇篮摆动，而又称牛顿摇篮。

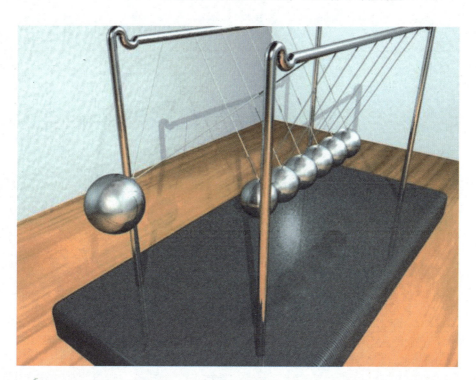

这个实验并不是牛顿发明的，而最早的牛顿摆实验，是由法国物理学家伊丹·马略特于1676年提出的。20世纪60年代出现了桌面演示装置，这个装置有五个质量相同的球体由吊绳固定，彼此紧密排列。

当摆动最右侧的球并在回摆时碰撞紧密排列的另外四个球时，最左边的球将被弹出，并仅有最左边的球被弹出。

当然此过程也是可逆的，当摆动最左侧的球撞击其他球时，最右侧的球会被弹出。当最右侧的两个球同时摆动并撞击其他球时，最左侧的两个球会被弹出。同理相反方向同样可行，并适用于更多的球，三个，四个，五个……。

照相机原理实验

自照相机发明以来，人们就可以用相机记录影像，留住历史的瞬间。照相机的发明首先是以光学的发现为基础的，光的传播、光学镜片为科学家提供了发明照相机的条件。

实验前的准备

一个带盖的纸盒、绘图纸、胶带、格尺、剪刀、放大镜。

实验过程

① 在小纸盒盖上画一个四边形，将其剪除。

② 把绘图纸剪成比四边形开口略大一些的贴纸，并贴在这个开口处。

③ 在盒底剪出一个比放大镜片略小一点的圆孔。

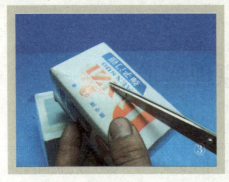

④ 用胶带纸把放大镜粘在小盒底的圆孔处。

⑤ 把小盒底装进盒盖内。你的照相机就做成了。

柯博士告诉你

这是一个演示照相机光学原理的实验，照相机的镜头是光学镜片，我们在这里用了放大镜，即凸透镜。影像的光线通过镜片，进入机箱并投影在机箱后侧的绘图纸上。因光线是按直线传播的，所以，我们会在这半透明的绘图纸上看到物体成像的倒影。

相关链接

◎ 各式各样的照相机

如今的照相机已是功能俱全，为各个行业提供了不同功能、不同用途的相机。

最为普遍的是普通数码照相机，这种相机小

巧、轻便，且容易操作，深受大家欢迎。

医院里的X光照相机更神奇，它用X光拍摄你看不见的体内照片，为你确诊患病的脏器。

空中摄影使用的照相机，可以在几百公里的太空拍摄地面的影像，并通过数据把影像传回地面，因而我们就可以看到气象卫星拍摄的云图，也能评估地面作物的产量，还能发现洪水等气象灾害造成的损失。

天文用的照相机就更神奇了，它可以拍摄到宇宙的星体。

开阔你的眼界——望远镜

人类从古到今都想看到更远的地方？一直在探索各种方法。今天就告诉你一种方法——望远镜，让你看得更远，说不定你做的望远镜能看到月球上的环形山呢！

实验前的准备

两面大小不同的放大镜、圆珠笔、两根长绳、一张画片、一块长木板、刻度尺、橡皮筋。

实验过程

① 在长木板上标上刻度，将一放大镜用绳子固定在木板的一端。

② 在离放大镜一定距离的地方放上画片，透过放大镜看画片，同时慢

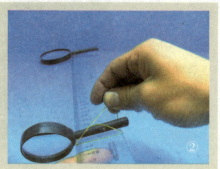

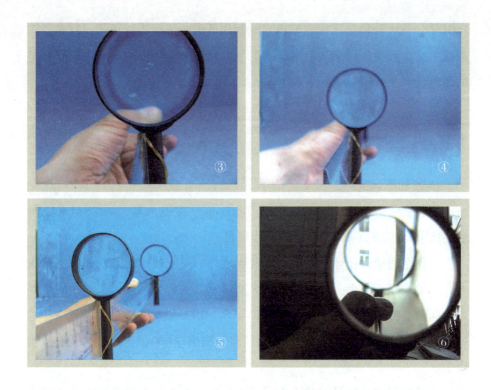

慢向木板的另一端移动画片，当看到画片上的景物上下颠倒时，这里透镜与画片的距离就约等于透镜的焦距。测量出两面放大镜的焦距。

③ 根据木板上的刻度，将测量到的两个焦距加在一起其和就是两个放大镜之间的应有距离。按这个距离用橡皮筋固定好两个放大镜，一个简单的望远镜便做好了，快拿去观看远处的物体，看看你都看到了什么？

④ 你也可以把做好的望远镜装入一个粗细相仿的纸筒里，里外刷上黑色。便于携带，效果会更好。

柯博士告诉你

大的放大镜焦距较长，它起到物镜的作用，将光会聚起来，在焦距平面附近成像。小的放大镜起目击者镜的作用，将物镜成的像进行放大。

1601年，意大利科学家伽利略将当时制作低劣的透镜进行切削、打磨、改造成天文望远镜，用来观测木星的卫星、月球上的环形山、火山口和金星的星象。

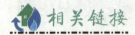 相关链接

◎ 哈勃望远镜

哈勃空间望远镜（Hubble Space Telescope）是欧洲航天局(ESA)和美国航空航天局(NASA)间的长期空间合作项目。

哈勃空间望远镜运行在地球大气层之外的空间轨道上，就好像是建在太空中的一座天文台，可以让全球天文学家共同研究现代天文学中的一些重大问题。哈勃空间望远镜构想于40年代，1990年4月25日发射升空，是一具口径2.4米的反射式望远镜，目前置于据地球600公里高空的低卫星轨道上。

哈勃空间望远镜是由位于美国马里兰州霍普金斯大学校园内的空间望远镜科学协会（STScI）负责操控。哈勃空间望远镜拥有两台摄像机、两台光谱仪和五个用于天体观测的定位感应器。由于哈勃空间望远镜置于大气层之外，所以能够提供比地面的望远镜高10倍的摄影质量，通常地面望远镜最高解析度为1弧秒，而哈勃望远镜解析度则可以达到0.1弧秒。不过刚开始哈勃望远镜因为镜面误差，所以拍出来的图像模糊不清，三年后才在另外一次太空任务中由宇航员修复，从此向人们展现出人类有史以来最绚丽的太空天体图片。

磁悬浮盘的实验

如今人们特别青睐快速、环保的交通工具，磁悬浮列车就是这样一种现代的交通工具。上海市就已建成了一条磁悬浮列车的运行线，这列车方便了市区到机场的交通。磁悬浮列车是现代科技发展的产物，但它的原理却是比较简单的，做一个实验吧。

实验前的准备

环形磁铁两个（废旧扬声器中）、废旧薄膜光碟、铅笔、剪刀。

实验过程

① 把废旧扬声器中的环形磁铁拆下来。

②把一个环形磁铁粘在薄膜光碟上，注意要使薄膜和环形磁铁的两个孔相对。

③将一个环形磁铁放在光盘桶底上，注意极性相反。然后，把贴有光盘的环形磁铁再放到光盘桶底上的环形磁铁上，按一按很有弹性，是不是浮起来了。

④用纸板剪辆火车、涂上颜色、贴在光盘上，呜……要开车了。

 柯博士告诉你

这个实验很简单，它演示了磁力的极性相同相互排斥的原理。

这一原理后来被科学家们重视，提出了造磁悬浮的设想，当然磁悬浮的建造是高科技成果，比起这个实验则要复杂得多。

相关链接

◎ 快速、环保、舒适、安全的磁悬浮列车

磁悬浮列车是一种没有车轮的、陆上无接触式有轨交通工具，时速可达到500—600公里。它是利用常导或超导电磁铁与感应磁场之间产生相互吸引或排斥力，使列车"悬浮"在轨道后或下面，作无摩擦的运行，从而

克服了传统列车车轨粘着限制、机械噪声和磨损
等问题，并且具有启动、停车快和爬坡能力强等
优点。

由于磁悬浮列车没有轮子、无摩擦等因素，
它比目前最先进的高速火车省电30%。在500公
里/小时速度下，每座位每公里的能耗仅为飞机的
1/3 至 1/2，比汽车还少耗能30%。因无轮轨接
触，震动小、舒适性好，对车辆和路轨的维修费
用也大大减少。磁悬浮列车在运行时不与轨道发
生摩擦，发出的噪音很低。它的磁场强度非常
低，与地球磁场相当，远低于家用电器。

由于采用电力驱动，避免了烧煤烧油给沿途
带来的污染。磁悬浮列车一般以4.5米以上的高架
通过平地或翻越山丘，从而避免了开山挖沟对生

态环境造成的破坏。磁悬浮列车在路轨上运行，
按飞机的防火标准实行配置。它的车厢下端像伸
出了两排弯曲的胳膊，将路轨紧紧搂住，绝对不
可能出轨。列车运行的动力来自固定在路轨两侧
的电磁流，同一区域内的电磁流强度相同，不可
能出现几辆列车速度不同或相向而动的现象，从
而排除了列车追尾或相撞的可能。

自制防火布实验

火给人类带来光明温暖和动力，人类使用火促进了人类自身的进化。但是，火一旦失去控制就会给人来带来灾难，从人类使用火开始，这种危险就一直伴随着人类，人类也一直在和火灾作斗争。防火和灭火是人们生存中的一件大事。

实验前的准备

饱和的磷酸钠溶液、30%的明矾溶液、白棉布条、细铁丝、回形针。

实验过程

① 将棉布条A放在饱和的磷酸钠溶液中浸透，晾干。

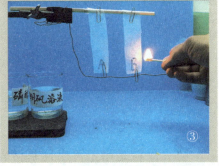

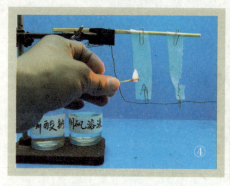
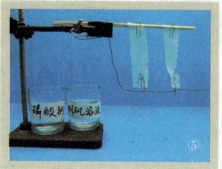

④ ⑤

②再将它放入30%的明矾溶液中浸透晾干，这就是具有防火阻燃的防火布。把这两条布条用回形针别在拉直了的铁丝上。

③先点燃没经过处理的棉布条。

④再用火柴点经过处理的棉布条。

⑤没经过处理的棉布条被烧破，经过处理的棉布条完好无损。

注意！实验必须用棉布，不可用化纤制品代替。另外，无磷酸钠可用磷酸铵或氯化铵代替。

柯博士告诉你

燃烧必须有可燃物、一定温度和空气，这三个条件缺一不可。

当可燃物被涂上或掺入某些特殊的盐类，这些盐类就会起到隔绝空气的作用，那样，即使已达到燃烧温度，因为缺少空气也难以燃烧。

相关链接

◎ 防火涂料

防火涂料是用于可燃性基材表面，

能降低被涂材料表面的可燃性、阻止火灾的迅速蔓延，用以提高被涂材料耐火极限的一种特种涂料。

防火涂料涂覆在基材表面，除具有阻燃作用以外，还具有防锈、防水、防腐、耐磨、耐热以及涂层坚韧性、着色性、黏附性、易干性和有一定的光泽等性能。

燃烧是一种快速的有火焰发生的剧烈的氧化反应，反应非常复杂，燃烧的产生和进行必须同时具备三个条件，即可燃物质、助燃剂(如空气、氧气或氧化剂)和火源(如高温或火焰)。为了阻止燃烧的进行，必须切断燃烧过程中的三要素中的任何一个，例如降低温度、隔绝空气或可燃物。

◎ 消防队员的服装

消防队员的服装主要有消防战斗服、隔热服、避火服、抢险救灾服等。

消防战斗服是消防员进入一般火场进行灭火战斗时为保护自身而穿着的防护服装，适宜在火场的"常规"状态中使用。消防战斗服适用于一般的灭火战斗，不适用于近火作业和抢险救援。消防战斗服具有防火、阻燃、隔热、防毒等功能，适用于火灾扑救和部分抢险救援工作。

消防战斗服由上衣和裤子组成，上衣和裤子均由表面层、防水层、隔热层和舒适层四层组成。

外表层采用特殊的含5%凯夫拉纤维，耐几百度的高温，永久阻燃，该材料遇火不收缩，不产生融滴。

防水层是一种防水透气隔膜，隔热层用阻燃化学纤维无纺毡，舒适层则是纯棉面料或毛料。